相模湾 深海の八景——知られざる世界を探る

藤岡換太郎著 有隣堂発行 有隣新書——78

『瀟湘臥遊図巻』部分

瀟湘臥遊図＿本紙７ 李氏 東京国立博物館 Image:TMN Image Archives

まえがき

　深海底は一体どのような世界なのでしょうか。そういう興味から私が海洋科学技術センター（現国立研究開発法人海洋研究開発機構＝JAMSTEC）の潜水調査船「しんかい２０００」で初めて深海に潜ったのは、一九八五年五月二二日のことでした。もう三〇年も前のことになります。潜航した場所は、相模湾の東部にある三浦海底谷でした。また、私が海洋地質学の研究を志して最初に調査に出かけたのも同じく相模湾でした。それは一九七四年五月のことで、当時私は東京大学の博士課程の学生でした。あれからもう四〇年もの月日が経ってしまいました。

　しかし、それでも最初に調査した海域や初めて潜航した場所というのはよく覚えていて、きわめて印象深いものです。その後、有人の潜水調査船には五九回も乗船し、世界中のさまざまな場所に潜航し、深海の世界を垣間見てきました。調査船でも一〇〇〇日以上にわたって世界のさまざまな地域を調べてきました。しかし、相模湾はそれらの中でもわずかな日数しか調査をしていないのです。一番短い航海では一泊二日というのがあり、長くてもせいぜい五泊六日ほどです。それでも、相模湾という湾には大変愛着を感じています。日本を遠く離れた大西洋中央海嶺などでは、一か月以上も同じ海域にいてそれゆえに親しみを感じていますが、短い期間しか調査していないにもかかわらず、それでも愛着を覚える相模湾には一体どんな魅力があるのでしょうか。相模湾を選んだ理由は、単に東京から近いというわけではなくて地質学的には以下のようなさまざまな問題点と、それゆえの魅力があったからです。

長い研究の結果、相模湾にはプレートの沈み込み、火山活動、断層運動、関東地震や小田原地震など巨大地震の発生や土石流、斜面崩壊などの現象、地下からの湧水やガスの放出、表層や深海の流れなど海水の変動、陸上の河川からの淡水の流入、黒潮や親潮など周辺の海水の流入などのさまざまな現象が起こっており、そのために多様な生物が棲息していることが分かってきました。生物には表層、中層、深層の生物や底生の化学合成生物などがいることが分かっています。前に述べた地球科学現象はきわめて活発なもので、現在も変化を続けています。つまり相模湾は生きていて、そこには地球科学のみならず生物科学や海洋化学、海洋物理学などあらゆる学問の対象になるような出来事が詰まっていることが明らかになってきたのです。そのために相模湾は依然として謎に満ちており研究の余地があるのです。

また周辺の地域のみならず、相模湾は海の中も観光地として興味深いものが満載されているのです。ただし現在ではそれらは水族館でしか見ることができません。

相模湾はその研究の歴史が長いためにもはや研究の余地が無いと考え、ほかの地域の研究へと調査地域を広げてしまう人が多いようです。しかし、相模湾の研究はまだし尽くされてはいません。分からないことや不思議な現象が山ほどあるのが現実です。

本書では相模湾の中で起こっているこれらのさまざまな地球科学現象を紹介し、相模湾にはなぜ多様な生物が棲息するのか、その原因について言及したいと思います。そしてこのようなさまざまな現象を皆さんにご紹介し、目で見て楽しむバイオジオパークの設立の提案をします。皆さんを相模湾という深海へとご招待したいと思います。

本書の読み方には二通りの方法があります。一つは序章から順番に読む読み方です。これは相模湾がどのような場所でどのような生物や地質現象があるのか、そしてその原因はなにか、その原因を理解するための基礎理論はなにかなどと少し厳しいところもあります。山を一歩一歩登るように、深海へ一歩ずつ潜っていくようなものです。

基礎的なことをすでにご存知の方や、そのようなことは面倒という方は第五章の「相模湾八景」から読まれることを勧めます。相模湾にある八つの珍しい、奇妙なそして面白い景色を堪能していただいてそれから、一体そのようなことがどうして起こるのかを理論などを読みながら理解する方法です。どちらの方法がいいかは読者のみなさんの判断にお任せします。

それではいざ相模湾へ出港しましょう。

藤岡換太郎

《目　次》

序　章

日本列島の海岸と湾

テヅルモヅル　JAMSTEC 提供

相模湾は日本列島のどのような場所にあるのでしょうか。相模湾は日本の三大深海湾と呼ばれ、そこには沈み込むプレートの境界が存在すること、火山活動や地震活動などが活発であること、さまざまな生物が棲息できる条件を備えた特異な湾であることを紹介します。ここでは日本列島という大枠の中での相模湾の特徴を遠望します。

皆さんは相模湾をご存知でしょうか。あるいはその名前を聞いたことがあるでしょうか。これは相模の国、神奈川県の南に位置する湾です。和歌の世界では、相模につく枕詞（まくらことば）は「さねさし」です。相模湾は直径七〇キロメートルほどの円形をした湾で、西から東へ時計回りに、伊豆半島、真鶴（まなづる）半島、湘南海岸、江の島、三浦半島、房総半島そして伊豆大島などの地域で取り囲まれています。相模湾は日本の湾の中でも飛びぬけて深い湾です。鹿児島湾とか東京湾など日本の多くの湾は一〇〇メートルより浅いのです。水深一〇〇メートルというと、フランスの潜水家、ジャック・マイヨールなどは素潜りで潜ってしまいます。

日本には水深が一〇〇〇メートルを越える「深海湾」と呼ばれる湾が三つあります（図序・1）。そもそも深海とはどのくらいの深さを言うのでしょうか。生物学的には、植物プランクトンが光合成を行うのに必要な強さの太陽光が届かなくなる二〇〇メートルほどの深さを指します。したがって、一〇〇〇メートルというのは十分に深海なのです。親指の爪くらいの広

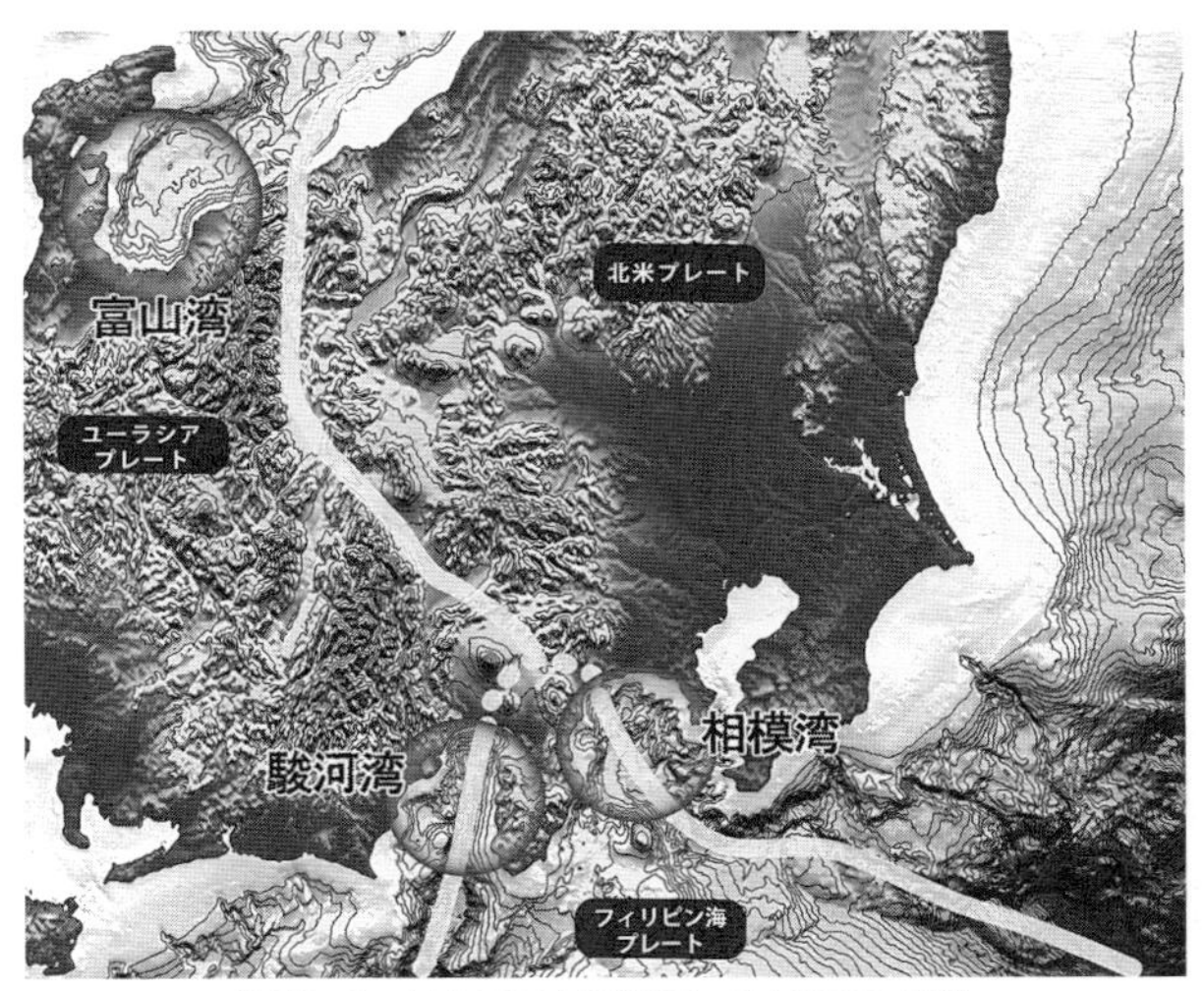

図序・1　日本の三大深海湾　JAMSTEC 提供

さの一平方センチメートルあたりに一〇〇キログラムの圧力がかかります。さてそれではほかの二つの深海湾はどこでしょう。答えは、伊豆半島を挟んで相模湾と反対側にある駿河湾と、そのずっと北の日本海にある富山湾です。これらの三大深海湾がなぜそんなに深いのかにはわけがあります。

日本列島の東の沖合、つまり太平洋側には「海溝（かいこう）」と呼ばれる、水深六〇〇〇メートルを越える細長い、溝状の地形が、日本列島に平行に走っています。海溝では巨大地震が起こったり、特異な生物群集が棲息したりしています。陸上には海溝に平行に活火山が並んでいます。活火山とは第四紀、今から二五八万年前より新しい時代に活動をしたことがある火山のことです。日本列

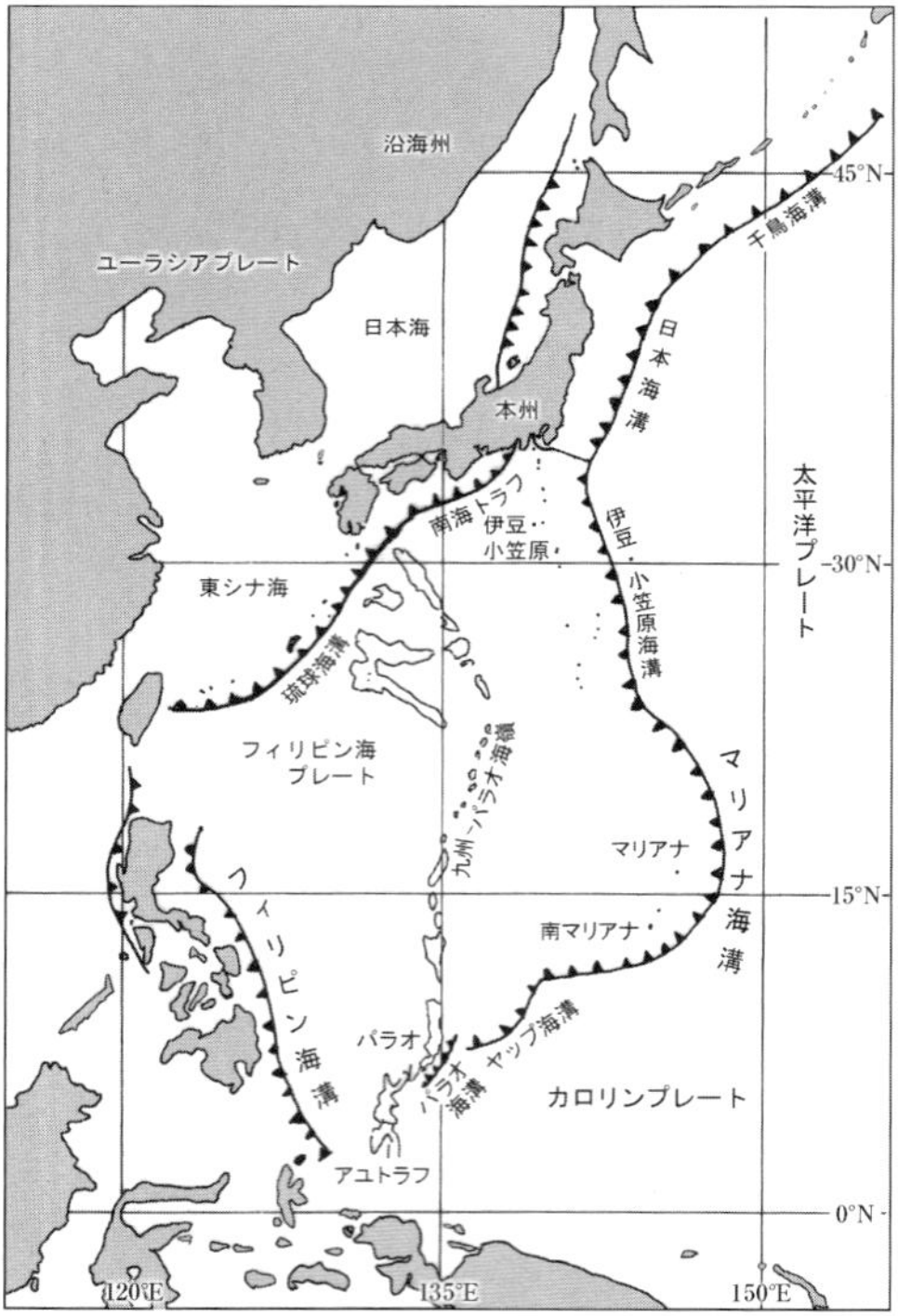

図序・2　日本の島弧―海溝系とプレート　著者作成

島は南北に長く、弓型に太平洋へ張り出していますが、島が弓型に並んで列を作る地形を「島弧（とうこ）」と呼んでいます。そして島弧は必ず海溝と平行して並んでいるので、これらを一まとめにして「島弧―海溝系」と呼んでいます。日本列島はこのような島弧―海溝系が五つ合わさってできています（図序・2）。

日本列島の東沖にある日本海溝には、太平洋の一万キロメートル以上もはるか東の方でできた、「プレート」と呼ばれる、厚さ一〇〇キロメートルほどの硬い岩盤が、一年間に一〇セ

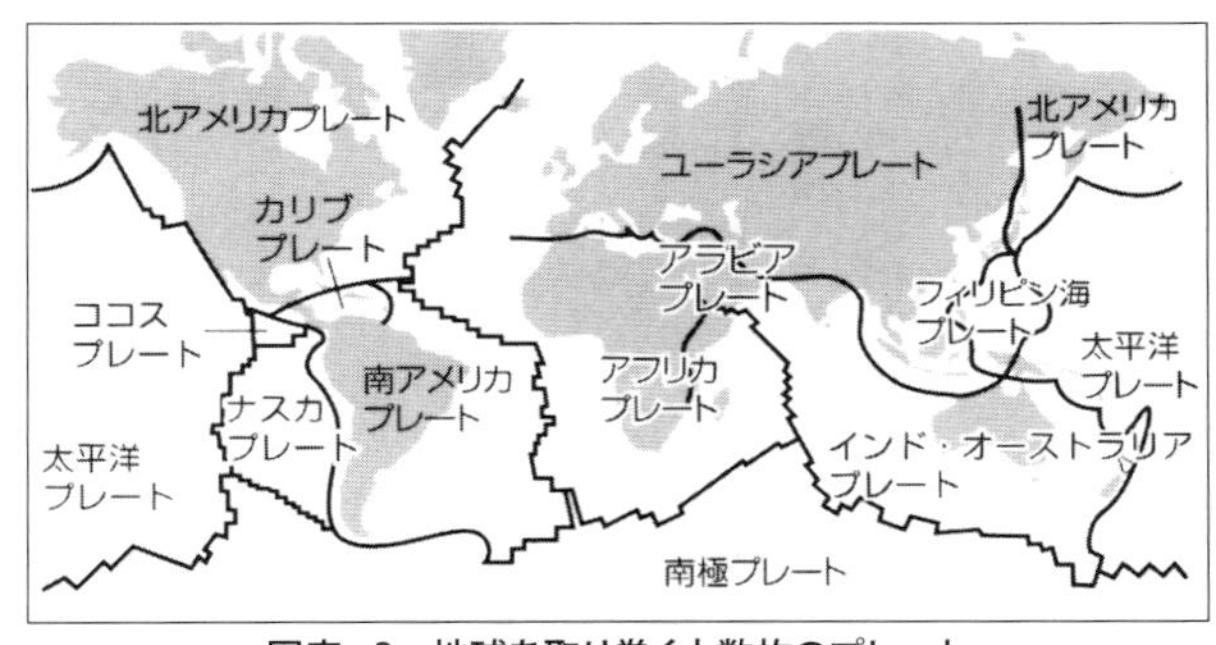

図序・3　地球を取り巻く十数枚のプレート
講談社ブルーバックス『山はどうしてできるのか』より

ンチメートル程度の速度で日本列島へ向かって移動してきて、日本海溝のところで地球内部の深さおよそ六七〇キロメートルのところまで沈み込んでいます。海溝というのは、地球の表層を取り巻くプレートどうしが収束する、あるいは衝突する境界部に当たります。そこでは、プレートが地球の内部へ沈み込んでいくために、周辺の地形は引きずり込まれて深くなります。そのために地震や火山などの活動が頻繁に起こるのです。日本列島の周辺には太平洋プレート、フィリピン海プレート、北米プレートそしてユーラシアプレートの四枚ものプレートがあります。地球全体を取り巻くプレートの数（図序・３）は一〇〜一二枚程度なので、その三分の一ものプレートが日本の近くにひしめいているのです。そのために地震や火山などの活動が頻繁に起こり、日本列島は地球科学的に世界の中でも非常に活動的な地域なのです。そして、これらの活動は大きな災害をもたらし、人間だけにではなく深海に棲む生物にも大きな影響を与えています。

　日本の三大深海湾に共通の性質として、いま述べてきたプレートの境界があるということが第一にあげられます。相模湾の真中には北米プレートとフィリピン海プレートの境界がありますす。駿河湾にはユーラシアプレートとフィリピン海プレートの境界が、富山湾にはユーラシアプレートと北米プレートの境界があります。そしてこれらの湾は、三つとも中部日本の南北に連なる地質学的に巨大な凹地（低地）である「フォッサマグナ」と呼ばれる地域に存在することにも意味があります。それは伊豆・小笠原島弧―海溝系の北の延長線にあります。

　フォッサマグナというのは日本の中部地方、新潟県の糸魚川（いといがわ）から静岡県の静岡までほぼ南北に連なる地質学的な細長い凹地（古い時代の地層が陥没している）で、その西の端は、糸魚川から静岡まで連なる断層、「糸魚川―静岡構造線」と呼ばれる一連の断層です。この断層の東側が陥没して凹地になっています（そこをより新しい時代の地層が埋めています）。このことを初めて指摘したのは、明治時代の初期に東京大学の初代教授としてドイツから日本に来た若き地質学者のナウマンでした（図序・4）。その後のさまざまな研究から、フォッサマグナの原型は、約一五〇〇万年前に日本列島がユーラシア大陸から分かれたときにつくられた大きな構造であると考えられています。駿河湾と相模湾はこの中にすっぽりと入ります。これらはあたかも伊豆半島によって二つに分けられたように見えます。富山湾は正確にはフォッサマグナから少し西に外れますが、こちらはフォッサマグナができる少し前に日本列島が大陸から分かれ始めて現在の位置に移動し、そのあとに日本海が形成されていった時の傷痕の一つです。これもプレートの境界部になります。

日本の三大深海湾を見てきましたが、世界に目を向けると深海湾はたくさんあります。有名なものでは、メキシコ湾（アメリカ）、モンテレー湾（アメリカ）、カリフォルニア湾（アメリカ）、ベンガル湾（インド）、ビスケー湾（フランス・スペイン）、ギニア湾（アフリカ）、など枚挙にいとまがありません。これらの湾が、すべてプレート境界であるかどうかは必ずしも明らかではありませんが、たとえばカリフォルニア湾は東太平洋海膨というプレートの拡大軸が陸上へ上がってプレートの拡大軸をずらすトランスフォーム（横ずれ）断層であるサンアンドレアス断層へと移行していくところにあります。またアラビア半島の南にあるアデン湾も新しくプレートができる拡大軸そのものに相当します。

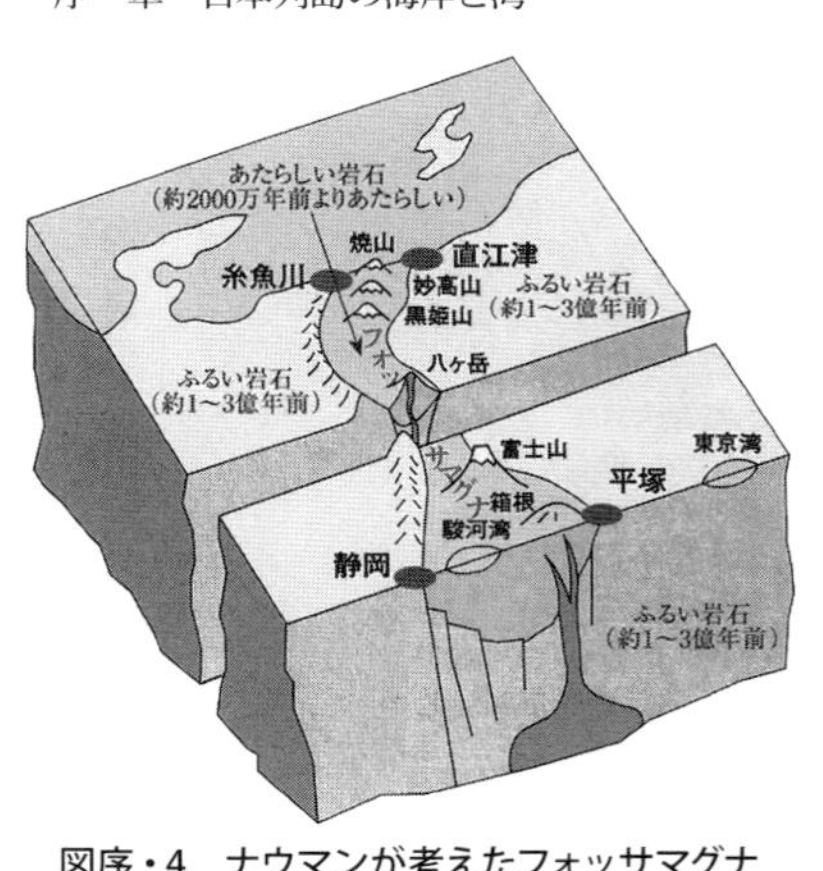

図序・4　ナウマンが考えたフォッサマグナ
フォッサマグナミュージアム提供

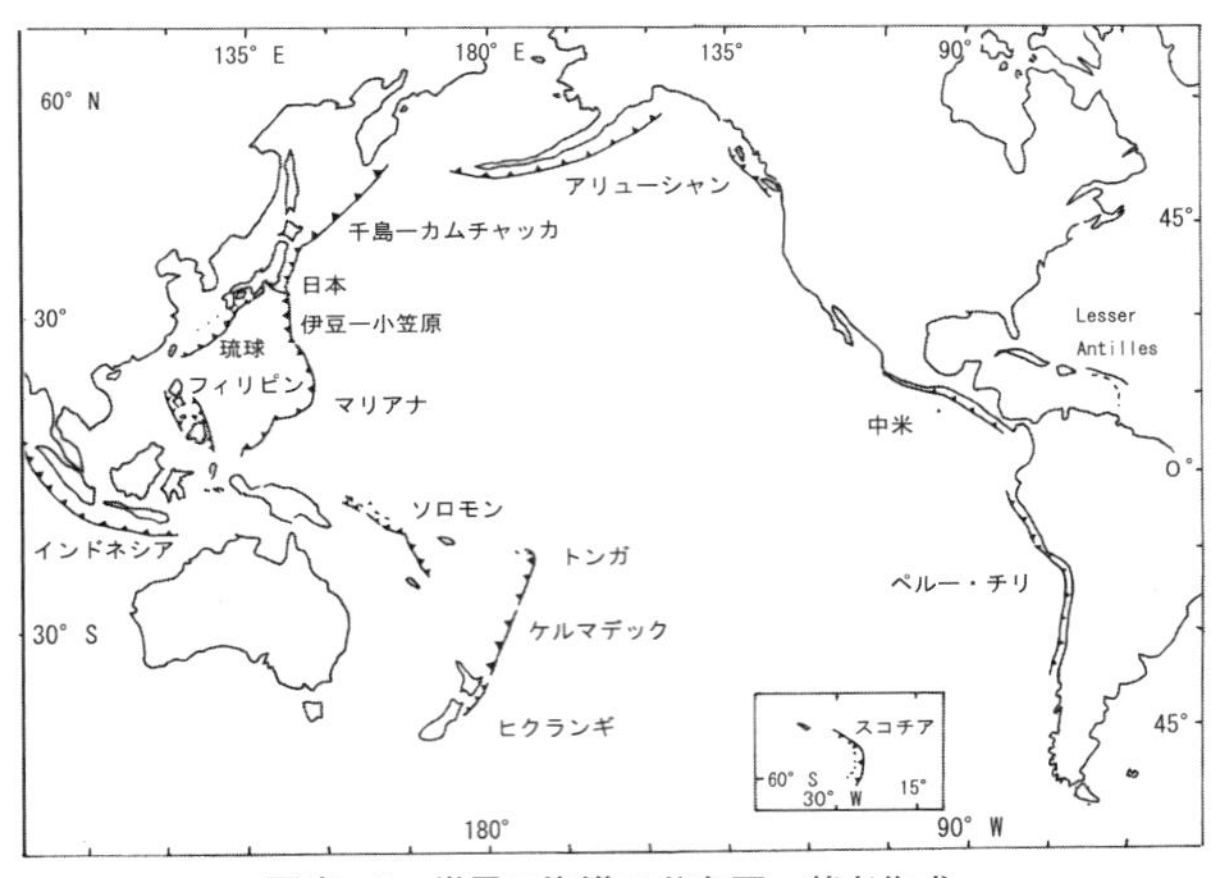

図序・5　世界の海溝の分布図　著者作成

世界の中の日本

世界地図を見てみましょう。世界地図で果たして相模湾を探せるでしょうか。よく目を凝らせば、伊豆半島と房総半島が認識できると思いますが、その間の伊豆半島の東側に小さな湾が見えると思います。それが相模湾です。それでは相模湾をもつ日本列島というのは世界的にみて一体どのような場所なのでしょうか。

すでにお話ししてきたように、日本列島はアジアに張り出した防波堤のように弓なりになった地形で、島弧―海溝系を作っています。島弧と海溝は必ず相伴って存在します。日本列島は五つの島弧―海溝系が寄せ集まってできた構築物です。それらは、北から千島弧―千島海溝、東北日本弧―日本海溝、そしてこれに直交するように伊豆・小笠原弧―伊豆・小笠原海溝、西南日本弧―南海トラフ、琉球弧―南西諸島海溝です。このような島弧―海溝系が出会っている場所を会合点と言い、そこでは島弧―海溝系が屈曲しています。日本以外にもたくさんあります。伊豆・小笠原海溝の南にはマリアナ海溝、ヤップ海溝、パラオ海溝、フィリピン海溝、ミンダナオ海溝、ジャワ海溝などが、地中海にはヘレニック海溝が、そして中米には中米海溝、南米の西側にはペルー海溝やチリ海溝、南サンドウィッチ海溝、カリブ海にはケイマン海溝などがあります。海溝は概ね太平洋の周りを取り囲むように分布しています（図序・5）。

中部日本の特徴

日本列島は関東地方から中部地方にかけての地域で地質構造が相当複雑になっています。ここには東北日本弧、伊豆・小笠原弧、そして西南日本弧の三つの島弧―海溝系が出会っています。二つの島弧―海溝系が出会うところは、北側では千島弧―千島海溝と東北日本弧―日本海溝、南側では西南日本弧―南海トラフと琉球弧―南西諸島海溝の二か所あります。三つの島弧―海溝系が出会うような場所は世界でもきわめて珍しく、そのためにさまざまな地球科学的な現象が活発に起こっています。中でも地表の高度や地形の落差がきわめて大きいという特徴があります。このようなことが日本列島の成り立ちの謎を解くための手掛かりを与えています。日本列島の地質構造は地球の歴史の中のきわめて新しい時期（新生代、今から六六〇〇万年前から現在）に形成され、現在のような複雑な形を作ってきたのです。そして、その一番複雑なところが三つの島弧が会合する関東・中部地方なのです。そして日本の三大深海湾はここにしかないのです。

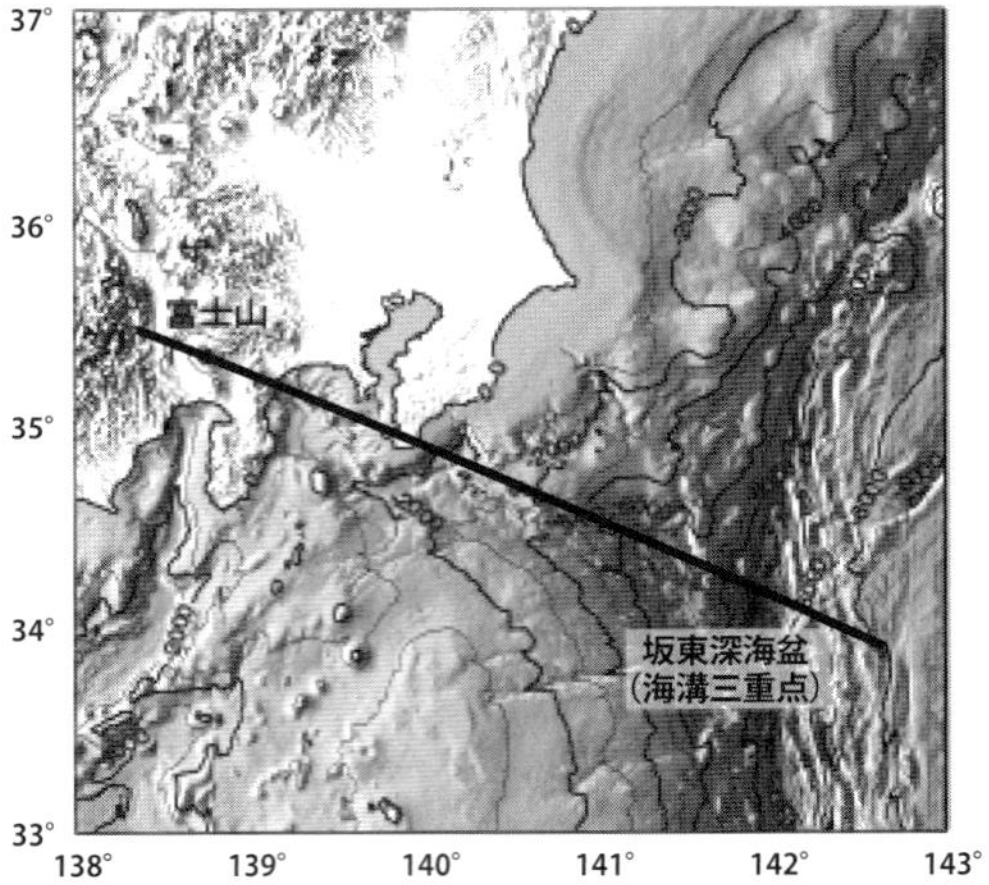

深海湾と日本の最高峰（富士山）との落差

相模湾の中を通る相模トラフは南東方向へつながり、房総半島の沖で日本海溝、伊豆・小笠原海溝と一点で交わります。ここでは三つの海溝が出会うので「海溝三重会合点」と呼んでいます（図序・6・1）。海溝三重会合点は、現在世界でここにしかありません。海の深さはなんと九二〇〇メートルもあり、広大な海盆を形成しています。それを坂東深海盆（ばんどうしんかいぼん）と呼んでいます。関東の昔の名前である坂東地域の堆積物がすべてここまで運ばれて溜まるからです。もし、ここから北西に約三〇〇キロメートル離れた日本の最高峰である富士山を見上げ

図序・6・1　海溝三重会合点　冨士原敏也作成

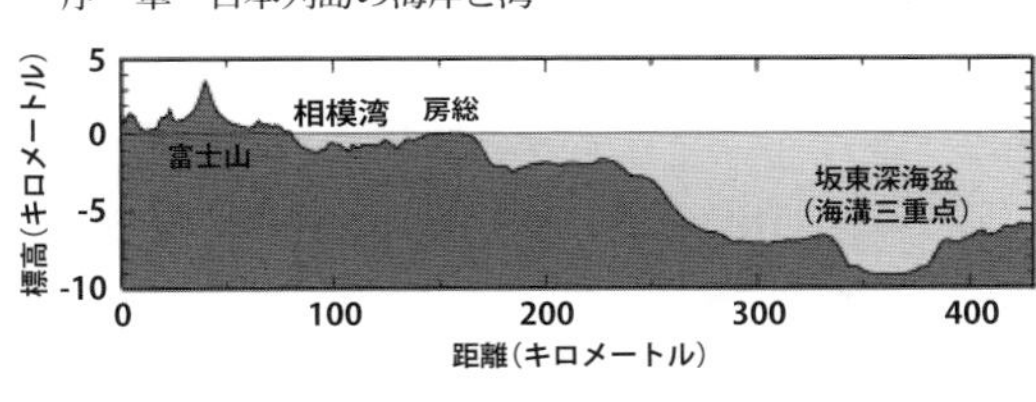

図序・6・2　海溝三重会合点から富士山までの断面図
富士原敏也作成

ると、その比高は何と一万三〇〇〇メートルにもなります（図序・6・2）。地球上で一番高いエベレストと、一番深いマリアナ海溝のチャレンジャー海淵（かいえん）を結んだ距離は約六〇〇〇キロメートルで、その比高は一万九七六八メートルに達しますが、富士山と海溝三重会合点との角度の方がはるかに急なのです。このような大きな落差はなぜできるのでしょうか。簡単に言ってしまうとこの地域が新しく活動的であるからです。これが相模湾を取り巻く地域の不思議の一つです。

半熟の卵―地殻、マントル、核

地球の表層は分かりましたが、地球の中はどうなっているのでしょうか。地球の内部を直接見るにはボーリングをすればいいのですが、現在、世界で最も深いボーリングでもたかだか約一二キロメートルです。それは地球の半径約六四〇〇キロメートルの五〇〇分の一程度にしかなりません。それではどうしたら地球の内部が見られるのでしょうか。誰もが嫌いな地震の波を使うのです。今ではＭＲＩのように、地震の波を合成して地球の内部を透視することができます。地震の波は物質

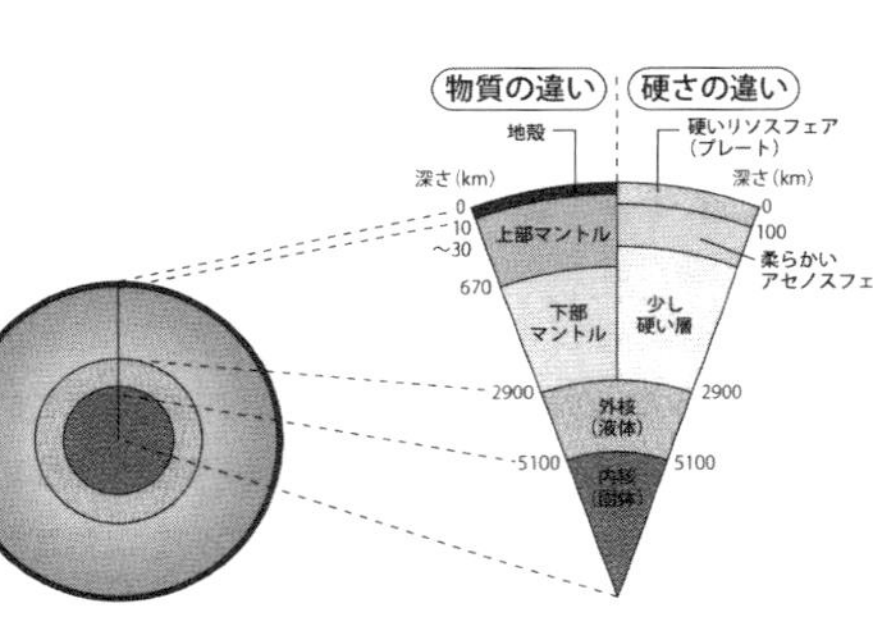

図序・7　地球の内部構造断面図
（株）誠文堂新光社『海がわかる57のはなし』より

が異なる境界で反射や屈折をします。地球の内部には地震波の伝わる速度が大きく変化する境界面が存在します。海の下では五～一〇キロメートル、陸の下では二〇～七〇キロメートル位の深さで速度が変わる面があって、発見者にちなんで「モホロビチッチ不連続面」と言います。また深さ二九〇〇キロメートルと五一〇〇キロメートルにも不連続面があり、地球はこれらの不連続面によって、表面から地殻、マントル、核（内核と外核）の三つの大きな構造に分けられます。核は二九〇〇～五一〇〇キロメートルまでの外核と五一〇〇キロメートルから中心までの内核に分かれ、外核は液体でできていますが、他はすべて固体です。ちょうど半熟の卵のような構造です（図序・7）。

ヒプソグラフ（ヒプソグラム）

今度は地球全体の高さと深さの分布を見てみましょう。地球の表層の一番高いエベレストの八八四八メートルから一番深いチャレンジャー海淵の一万九二〇メートルまでを、一〇〇〇メートルごとに区切って、その面積を積算したものをヒプソグラフと言っています（図序・8）。これを見ると、陸上では〇～一〇〇〇メートルまでの高さの面積が最も大きく、海では四〇〇〇～五〇〇〇メートルまでの深さが最も多いのです。地球の表面の高さ分布はこの二つの極大値をもちます。ちなみに陸の平均の高さは八四〇メートル、海の平均の深さは三八〇〇メートルになります。陸を削って海を埋め立てても海は埋まらないのです。平均水深三〇〇〇メートルほどの水の星になります。地球のことを「水の惑星」と言っているのはまさにこのことです。この二つの高さの極大値は、実は陸や海をつくる岩石に対応しているのです。

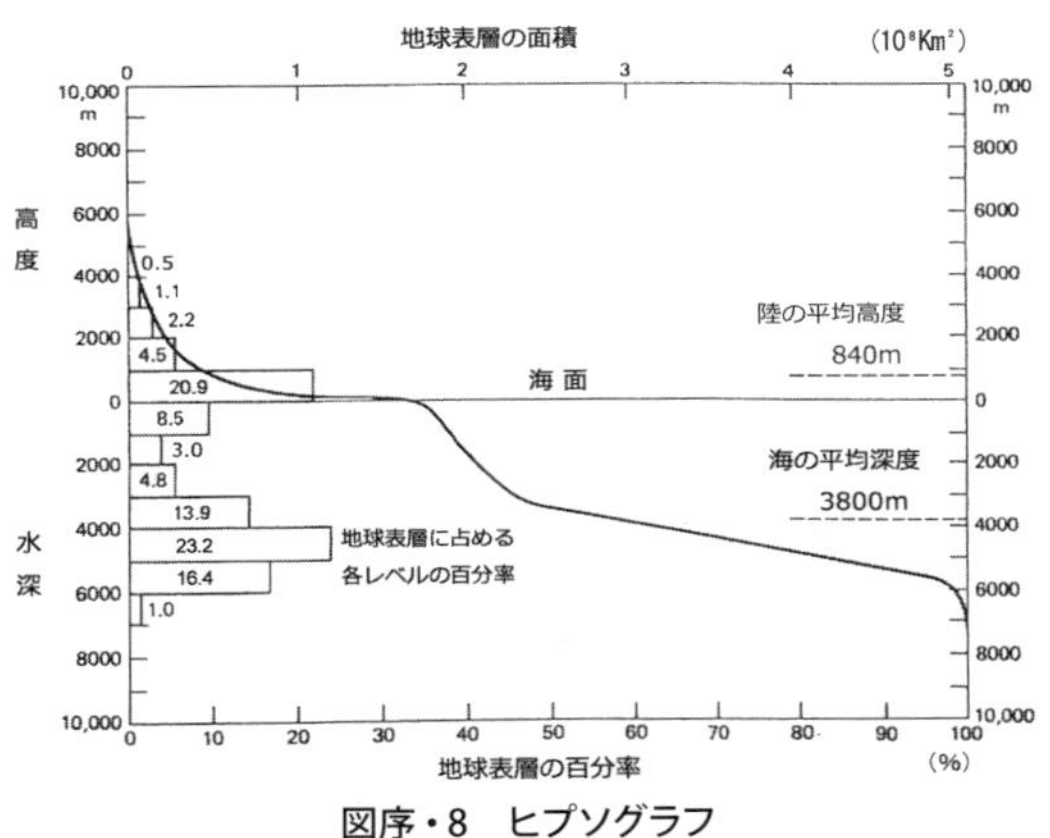

図序・8　ヒプソグラフ
Sverdrupほか,1942を一部改変

代表的な岩石

地球上に最もたくさんある代表的な岩石は、地表では花崗岩（かこうがん）と玄武岩、そして地下深部、マント

写序・1・1　花崗岩

写序・1・2　玄武岩

写序・1・3　かんらん岩
著者撮影（3点とも）

ルを作るかんらん岩です。花崗岩は陸を作っている代表的な岩石で、その成分（組成）はSiO_2（二酸化珪素、シリカ）が七〇％位で、密度は二・七グラム／立方センチ、玄武岩は海を作っている代表的な岩石で、組成はSiO_2が五〇％くらいで、密度は三・〇グラム／立方センチ、かんらん岩はマントルを作っている岩石の代表で、組成はSiO_2が四五％くらいで、密度は三・三グラム／立方センチです。このように密度の違う岩石は長い年月がたつと重い岩石が下、つまり地球の内側に、軽い岩石は表層に分布するようになります。密度が違う三つの溶液を同じ瓶の中へ入れてよく振ったあと静かにおいておくと、重い液体が一番下に来て、一番軽い液体は一番上にきます。それと同じことが起こっているのです。

　地球をつくっている岩石の違いは、密度の差を反映しています。このような層状の構造は地球が生まれて間もないマグマオーシャン（岩石が溶けてできたマグマの海）ができた頃に形成されたと考えられています（写序1・1　1・2　1・3）。

深海の調査のむずかしさ

深海とは超高圧、低温そして暗黒の世界です。海は一〇メートル潜るごとに水圧（水の圧力）は一気圧高くなります。一〇〇〇メートルの海底では一〇〇気圧、一平方センチメートルあたり一〇〇キログラムの圧力がかかります。従って、フランスの潜水家、ジャック・マイヨールでも素潜りでは水深一〇〇メートルほどしか潜れません。水深一〇〇〇メートルを超える深海へ行くには素潜りではとうてい不可能です。

海水中では深くなるほど温度が下がります。表面の海水の温度が二五℃でも、水深一〇〇〇メートルでは冷蔵庫の中の温度、四℃くらいです。また、太陽の光は水深二〇〇メートルほどまでしか届かないので、一〇〇〇メートルの海底は暗黒の世界です。ではこの高圧、低温、暗黒の世界へ行くにはどうすればいいでしょうか。

耐圧された光を持った乗り物に、寒くない格好をしていくしかありません。そのためにはさまざまな機器にたよらなくてはなりません。深海へは有人または無人の潜水調査船が必要です。JAMSTECの有人潜水調査船「しんかい２０００」は一九八一年に、「しんかい６５００」

は一九八九年に就航を始めました。「ドルフィン3K」や「ハイパードルフィン」などの無人探査機も使われました。有人の潜水船の場合はパイロット二人、研究者一人の計三名が二メートルほどの直径の球の中にはいって深海へ出かけます。ドルフィンやハイパーは無人機なので母船の上で複数の人たちが海底の観察を共有できます。

潜水調査船は観察を主体とするために速度は人が歩く程度の速さ、一秒間に五〇センチメートルほど、で海底を動きます。そのために海岸から遠く離れた場所に潜る場合には潜水調査船そのもので出かけることはできません。電池の問題と地点に行きつくまでにあまりにも時間がかかるからです。潜航地点までは潜水調査船の母船が運んでいきます。潜航地点で母船から潜水調査船を降ろして潜航します。

潜水調査船の運転には、推進すること、止まって観察することがあり、それにサンプリングや機器の設置などの作業が伴います。これはすべてパイロットが行います。研究者はどこへどのように行って、何を見て、どんな作業をするかを指示します。推進もどのくらいの速度で行くのか、潮の流れや濁りを避けていかねばなりません。観察も垂直な崖などでは潮の流れや濁りなどを考慮しながら研究者が最も見やすいように運転します。サンプリングも正しく行うためには時間をかけて行います。

潜水調査船は朝九時にスタートして、夕方には母船に回収しますが、六五〇〇メートルの海底まで約二時間半かかります。そのため往復五時間が使われるので夕方の回収まで海底には三時間ほどしかいられません。その時間の中でどのように作業するかは研究者の課題です。

相模湾では過去に有人の潜水船「しんかい２０００」がテストも含めて三一八回も潜航しています。無人探査機も含めると五〇〇回以上も潜っています。これらの機器は一体どのような特徴をもっているのでしょうか。

有人の潜水調査船は人が居住するための直径二メートルほどの耐圧殻を持っています。この中には一気圧に保たれた空気があって、部屋の中にいるのと同じです。ここに三名が入るのでまるで押入れの中に放り込まれたようなものでしょうか。しかし押入れには窓が無くて怖いですが、潜水船には覗き窓が三つあって、その窓から海底を垣間見ることができます。窓から人が直接海底を観察できるので、映像で海底を見るのに比べ、きわめて臨場感があります。

潜水船は電池によって海水中を前後左右、上下ともに自由にゆっくりですが動き回れます。これには電源を取るためのケーブルはいりません。それはまさに気球に乗って窓からヒマラヤ山脈をのぞき込むようなものでしょう。

有人に比べて無人探査機は人が乗らないために居住区は必要ありません。そのために目的に応じてコンパクトなものが作れます。場合によっては女性が片手で持ちあげることができるくらいのものもあります。電気は母船からとるのでいくらでも使えます。しかしこのケーブルがあるためにそのハンドリングは無索の有人潜水船に比べて劣ります。

　これから後の話にはこれらの有人、無人の潜水調査船がふんだんに出てきます。深海底からは思いもよらないものが出現します。深海はまさに生きた博物館です。

第一章

相模湾の形と素材

オオグチボヤ　JAMSTEC 提供

図1・1　相模湾の海底地形図　JAMSTEC提供

七大洋ほどは大きくない堆積物を溜めている海域を、英語ではベーズン（Basin：海盆）と呼びますが、まさに洗面器です。この章では、水を溜める容器としての相模湾、相模海盆という洗面器がどんな形をしているのか、表面の凹凸はどうなっているのか、どんな材質でできているのか、すなわち地形や地質を見ていきたいと思います。相模湾は、その真中にある深いプレート境界を含めて地形的には三つの部分に分かれ、その底には二〇〇〇〜四〇〇〇メートルにも達する厚い堆積物が溜まっています。地震による地滑り堆積物や火山活動によってもたらされた溶岩やその礫、断層による地面の隆起などが相模湾の凹凸をつくっています（図1・1）。

相模湾は神奈川県の南にぽっかりと穴が開いたような形をした、直径約七〇キロメートルの円形の湾です。その南の端は伊豆半島の先端と伊豆大島を結ぶ線、東京湾との境界は三浦半島と房総半島の南端を結んだ線になります。これはあくまで地形図から見たもので、実際そこへ行っても境界線が引いてあるわけではありません。相模湾の地形は、それをつくる岩石によって形づくられています。では相模湾にはどんな岩石があるのでしょうか。そして、そのような岩石はいつ、どのようにしてできたのでしょうか。そもそも相模湾というものは一体いつできたのでしょうか。このような問いに答えるのが相模湾を作っている地質です。

プレート境界にある相模湾

相模湾、駿河湾、富山湾の三つの湾だけは水深が一〇〇〇メートル以上あります。相模湾の出口は水深二四〇〇メートルもあります。サクラエビで有名な駿河湾も、岸から沖に向かっていくとすぐに水深二五〇〇メートルを超えてしまいます。富山湾も海岸から沖へ出るとすぐに深くなり、水深三〇〇〇メートルの日本海の底へと蛇行しながらつながっていきます。駿河湾や相模湾は現在のプレートの境界そのものですし、富山湾も日本海ができた時に離れたプレー

図1・2　空から見た相模湾・駿河湾・富山湾
神奈川県立生命の星・地球博物館／新井田秀一 CG 作成

トの境界にあったために、深いということです（図1・2）。

　四国の南方沖や静岡県沖にある南海トラフ、駿河トラフというプレートの境界が駿河湾の付け根から陸に上がり相模湾（相模トラフ）の方にやってきます。一方、陸上には新潟県の糸魚川から静岡県の静岡にまで南北に連なる、「糸魚川─静岡構造線」という断層があって、北には富山湾から日本海東縁（なぜか日本の西にあるのに、日本海全体から見たら東にあるのでこのように呼びます）に至るプレート境界がありま す。これは一九八三年に東京大学地震研究所の中村一明さんが提案されました。二〇〇万年位前から新しいプレート境界が生まれて、日本海側の海底（プレート）が東北日本の下に沈み込み始め、東北日本は東西両側から押されて全体が隆起しています。そのために大きな力を受けてその地域に歪みがたまり巨大地震が起こります。東北日本はそういう場所です。「トラフ」という言葉は日本語では「舟状海盆」といいますが、形が日本の和舟のような細長く伸びた形をしているものを指します。ところがこの用語は、成因ではなくて、形だけで名前がついているために、あるときは沈み込むプレート境界を言うし、ある時は拡大するプレート境界であったりするのでややこしいのです。南海トラフ、駿河トラフ、相模トラフは、いずれも沈み込むプレート境界、すなわち海溝です。

神奈川県立生命の星・地球博物館が作った「宇宙から見た神奈川」という立体地形図（同博物館取り扱い）を見ると、富士山、相模川、三浦半島、箱根などの地形が見えます。では、相模湾の中はどうなっているのでしょうか。

相模湾の最初の地形図

東京オリンピックの年の一九六四年に米国のスクリップス海洋研究所の人たちが、Geological Society of America Bulletin（米国地質学雑誌）に発表した論文に載ったものが、相模湾で最初の地形図です（正しくは最初かどうか分かりませんが、それまでは、海図という、海の深さを点で集めたものはあったと思います）。私はこの図を見て愕然としました。五〇年以上も前に、しかも今のようにハイテクではなくて、六分儀（星の高さを測って船の位置を決める道具）などで位置決めをしたものです。今では海上保安庁海洋情報部が精密な海底地形図を作っていますが、それは、ナローマルチビームと言って、音を非常に細く絞って一本の線のようにしたものを百何十本も束にして船底から海底に向けて発信し、その反射音の返ってくる時間から、水深を調べて作ります。そうして作られた地形図と比べても全く遜色が無いということが分かって、一体この五〇年間の技術開発は何だったのだろうと考えさせられます。

この地形図は、東京水産大学（現東京海洋大学）の新野弘さんと、アメリカのシェパードさんという当時の海洋地質学の第一人者たちが、アメリカの調査船「Baird号」と、東京水産大学の練習船「海鷹丸」とを使って一九六〇年に調査してまとめたものです。相模湾全体の地形図を作り、相模湾にある海底谷の地形的な考察をしています。沖ノ山堆列や相模トラフの軸も、熱海海底谷もあります。初島や初島の東側の急崖、伊豆大島の東側斜面の地形や伊豆大島西側の海山もあります。多少は位置の正確さに問題はあるかも知れませんが、形などは一切同じで、良くできています。今の相模湾の地形図を見たことのある人が見ても、違和感はありません。こういう海底地形図が五〇年前に既にできていたというのは恐るべきことです。

相模湾の最新の地形図

相模湾の最新の地形図を眺めて見ましょう（30頁　図1・1参照）。これは海上保安庁海洋情報部とJAMSTECがいろいろなデータを集めて作った地形図です。

海底地形図を一瞥すると、相模湾の真中にある海底谷、相模トラフと呼ばれている一番深い部分が、蛇行しながら南へ続いているのが分かります。ここにプレートの境界が通っており、このプレートの境界は陸上へも続いていて、ほぼＪＲ御殿場線に沿って伊豆半島の付け根を一周し、西側では富士川にそって駿河湾に入って駿河トラフへ続いていきます。このプレートの境界の南には伊豆半島がありますが、これが本州へと衝突・付加しています。フィリピン海プレートの移動速度は年間四センチメートルくらいなので、押された部分は縮みます。その歪みをどこかで解消しなければなりません。それが地震となり大きなエネルギーを放出し、断層ができます。

さらにこの地形図を見ると相模湾の東側にはたくさんの浅瀬（バンク）があり、沖ノ山堆列といっています。一番浅いところで水深二〇数メートルほどの場所があります。今から約二万年前には寒冷な時期があり海面が今より一二〇メートルも下がりました。そのため旧石器時代には、東京湾は干上がっていました。相模湾でも氷河期にはバンクが海面に顔を出していました。バンクの上が比較的平坦なのは海が引いていくときに波浪侵食を受けて平坦になったからです。そして、そのバンクを切るように谷がいくつもあります。三浦海底谷、三崎海底谷、東京海底谷などいくつかの名前が付いていますがこれらは陸上にあった河川の延長です。海面が下がってバンクが陸になっていた時には河川はバンクの先まで来ていて海に入っていました。

一方、相模トラフの西側を見ると、そういう地形はなく、南の方には海底火山の小さな山がたくさん並んでいます。西側の北の方は直線性の強い急斜面になっています。相模湾の地形区分をすると大体西部・中部・東部にわかれ、物質が違うことは後ほどお話しします。

鯨瞰図とは

鯨瞰図(げいかんず)というのは私が一九八五年に作った言葉です。陸上では鳥瞰図(ちょうかんず)と言いますが、鳥が上の方から見ている図で、例えば源氏物語の絵巻などは部屋の中を上から3Dで見ています。海の中はどうでしょうか。海にはペンギンなどがいますが、深いところを見ることはできません。何故かというと、光(電磁波)は水深二〇〇メートルくらいまでしか届かないので、それより深いところは真っ暗だからです。潜水船で潜航すると分かります。限界は二〇〇メートルで、いくらペンギンが頑張っても見えません。一方、クジラ類は音波を使って水中でいろいろなことをしています。北半球と南半球でクジラどうしが低い周波数を使って交信しているということを聞かれたことがあるでしょう。海の中でソナーなど、音が聞けるもので聞いていると、色々な音が聞こえます。イルカは超音波を出して海の深さや障害物を認識しています。クジラ類は音が出せるので、海底をこんな風に見ることができます。それで「鯨瞰図」と言う名称を使うようにしました。

相模湾の鯨瞰図

鯨瞰図で相模湾を南の方から見ると、伊豆大島があって、その周辺の相模トラフは水深二〇〇〇メートル位と深いです。そこから陸（北西方向）に向かって進んでいくと、水深はだんだん浅くなって、相模トラフはうねりながら海底谷に繋がっていきます。相模トラフのちょっとした高まりの一つは、断層でできた平坦な高まり、ステップ（段差）です。陸上の河川では扇状地とかデルタ（三角州）といいますが、比較的細かい泥の堆積物がたまった小高い地形を形成しています。

相模湾の東側を見ると、沖ノ山堆列というバンクが並んでいます。その落差から見るとそびえると言ってもいいでしょうか。裾野の水深が一五〇〇メートルで、浅いところは五〇〇メートル位なのでその落差は一四〇〇メートル以上あるからです。鯨瞰図で見ると沖ノ山堆列はすごく変形しているように見えますが、それは堆列を横切る東京海底谷や三浦海底谷などの谷がすべて断層だからです。東側から出てくる断層はすべて横ずれを伴う逆断層です。陸側の方（東側）が上がっていく逆断層が、積み重なって堆列を形成しているのです。

相模湾の西側には一九八六年に噴火した伊東沖の手石海丘（ていしかいきゅう）があります。伊豆半島のすぐ東には熱海や伊東から高速船で二五分ほどで行けるリゾートの島、初島があります。初島は人口二〇〇名ほどの現在は活動していない小さな火山島です。初島の南東沖では急な斜面を何かが流れ下っているような地形が見えます。これは、斜面崩壊物のようなものがトラフ軸まで達しているのかもしれません。伊豆大島は北西―東方向に側火山が並んでいますが、伊豆大島の西側の海底にも、伊豆大島の側火山の延長方向に高まりが並んでいます。見ようによっては高まりのいくつかは一つの線を形成しているようにも見えます。これは地殻の弱線方向（地面が断層運動などでもまれて弱くなっているところ）を示していて、地下からマグマが出やすくなっているために火山が並んでいるのです。伊豆半島の東側には北西―南東方向に配列する大室山（おおむろやま）があり、最も新しいものは二七〇〇年前に噴火しています。伊豆半島と伊豆大島の間の海域にある北西―南東方向の線状に並ぶ地形的な高まりは、間違いなく伊豆半島で起こっている単成火山に似たような性質の火山でしょう。ただし、中にはそうでないものも混じっています。それは、巨大地震が起きて、斜面崩壊が発生し、山ごと滑ってしまう一種の「流れ山」でしょう。

相模湾の水系図

地形図でもだいたい分かりますが、海底の水系図を見てみましょう。海の中の水系図というのは変ですが。陸上では、ある河川にどのくらい水が溜まるかというのを見るには、水系図を作ると集水地域が分かります。海の中では地形的に低いところがあるので、それをたどって相模湾の中の谷を書くことができます。これが海底の水系図（図1・3）です。水系の一番中心になっているのは、相模トラフという水深の一番深いところです。両側の谷から、水ではなくて堆積物が水の流れで運ばれていって、すべてこの相模トラフに溜まっていく様子が分かります。相模トラフは、最終的には水深九二〇〇メートルの坂東深海盆の海溝が三つ重なった深い場所へとつながっていきます。その距離は伊豆大島付近の相模トラフから二五〇キロメートルもあります。

図1・3　相模湾の水系図　著者作成

相模湾の地形区分

相模湾は、海底地形図や鯨瞰図からも分かるように、西部・中部・東部とに大きく三区分されます。西部は、伊豆半島と相模トラフまでの部分になります。ここでは第四紀（今から二五八万年前以降）の火山が多く分布していますが、それははるか沖合の太平洋プレートの沈み込みによってできます。大室山や矢筈山、天城の火山などです。また西相模湾断裂は大きな断層のようで、しばしば小田原地震と連動して大きな地震を起こしています。

中部は相模トラフそのものですが、乱泥流堆積物（タービダイト）や土石流堆積物（デブリフロー）といって、地震が起こったり大雨が降ったりすると砂や泥が一挙に流されて溜まったもので埋積されています。一九七二年に大雨が降って、酒匂川が氾濫して橋が流されたりしました。このときの土石流が相模トラフの真中まで流れて、二宮からグアムへつながる海底ケーブルが切断されました。こういう現象は珍しく、今まで知られているのは、一九二九年にアラスカで起こったグランドバンクスのアラスカ地震と、そのときに海底の斜面が崩れて乱泥流が発生し、海底ケーブルが何十本も次々と切れた事故です。その時の流れは、時速一〇〇キロメートルくらいにまで達しました。流れているものが乱泥流堆積物であると分かったのは柱状採泥器によって海底の泥の標本が得られたからです。

相模トラフの東部は、付加体という海溝の底に溜まったものが、プレートによって押されて陸側へと付け加わり、それが隆起してやがて陸になったりしたものです。火山性の物質と泥や砂が一緒に混ざったものが沖ノ山堆列を作っています。こういうものは、陸上ですと、例えば三浦半島の三浦層群という地層によく似ています。それは火山性の物質と泥が規則正しく繰り返している、白黒の帯状の地層です。

沖ノ山堆列ですが、その並びは北西から大磯海脚（おおいそかいきゃく）があって、南東へ相模海丘、三崎海丘、沖ノ山堆が地図に書かれています。私が潜水調査船に初めて乗った折に、最初に降り立ったのがこの相模湾の沖ノ山堆列のうちの三浦海丘でした。ここで何を見たかったのかというと、この堆列を作っている物質がどんなものかです。この高まりの列が、海底火山の連なりではないかという説があり、後に「湘南火山帯」という名前が付けられましたが、その後この説をひっくり返す根拠になったのがこの三浦海丘の地層です。

相模湾の海底地形と陸上の地形とを組み合わせて見てみましょう。相模湾にあるプレート境界は反対側の駿河湾にもあります。相模湾と駿河湾は、もともとはつながっていた兄弟です。もし皆さんが相模湾の底に立つことができて、海の水が何もなかったら富士山もこんな風に見えるでしょうという絵です。富士山が三七七六メートル、この辺は二〇〇〇メートルくらいの深さですから、六〇〇〇メートルくらいの落差があります。日本列島で落差が一番大きいのは、すでに述べた富士山と房総半島の海溝三重会合点との比高で、約一万二九七六メートルです。七〇〇〇メートルも比高が大きいですね。ここにある坂東深海盆は広大で平坦な海盆です。関東地方で発生した川が運ぶ堆積物は、最後はすべてこの一番深いところに集まります。そういう点でここを関東地方の古い地名である坂東にちなんで、坂東深海盆と名付けたのです。ここから富士山を見上げると地球上でも最大級の落差になります。

このように大きな地形の凹凸が短い距離の所に存在するのは意味があります。陸上の高い地形は風化や侵食によって削られるために時間が経つと低くなり、ついには海面すれすれの高さにまでなってしまいます。海底は陸から運ばれた土砂で埋積され、時間が経つと海面まで埋め尽くされてしまいます。もし外部から何かの力が働かなければ地表の地形は平坦になってしまいます。相模湾を含む地形がそうなっていないのは、一つには年代が新しいということと、ここが地球科学的に活動的だということを示しています。プレートが沈み込んだり、火山ができたり、大きな地震が起こって地面が隆起したり、沈降したり、地殻変動が活発な地域であるということにほかなりません。相模湾はまさに生きているのです。

相模湾の地質

相模湾とその周辺の地質を研究された人がいます。横浜出身で東京大学海洋研究所（現東京大学大気海洋研究所）の木村政昭さんです。私の大学の先輩で、陸上の房総半島・三浦半島と相模湾底を結びつけた最初の海底地質図を作られました。後に地質調査所（現産業技術総合研究所）が出版した相模湾のみの海底の地質図がありますが、木村さんが地質調査所におられた時に、彼が作っているので、両者はいってみれば同じものです。最近相模湾とその周辺のすべ

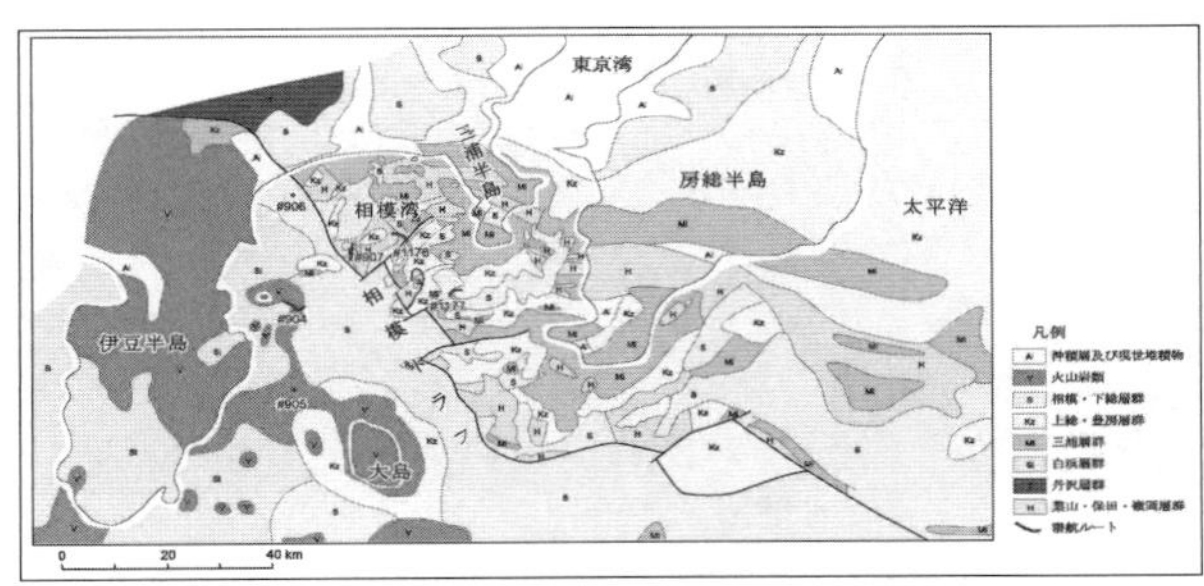

図1・4・1　相模湾周辺の地質図　KO-OHO-O の会

ての地質図をコンパイル（編集）したものを KO-OHO-O の会（第七章参照）で作りました（図1・4・1）。

これらの地質図から分かることは、相模湾東部、東側の部分は付加体であり、西側は断層で区切られている、ということです。さらに相模湾東部の沖ノ山堆列の隙間には北東―南西方向の海底谷が通っていますが、これらは全て断層であるということです。沖ノ山堆列は断層で区切られて、三浦海丘や相模海丘などの小さな独立した一つの地塊をつくっていいます。これは陸上の三浦半島にある三浦層群と同じで、顕著な断層があることも陸上の三浦半島と同じです。

海底の地質図の悪い点は、赤で塗ってある点があることです。この赤の印は火山のマークであり、いかにもここに火山があるように見えます。海底の岩石とか堆積物をドレッジ（円筒形のバケツのようなもので海底を引っ掻き回して岩石を採る機器）で採取したとき、火山岩系の岩石があった所が赤に塗ってあります。三浦海丘で得られた火山岩は泥の中にあっ

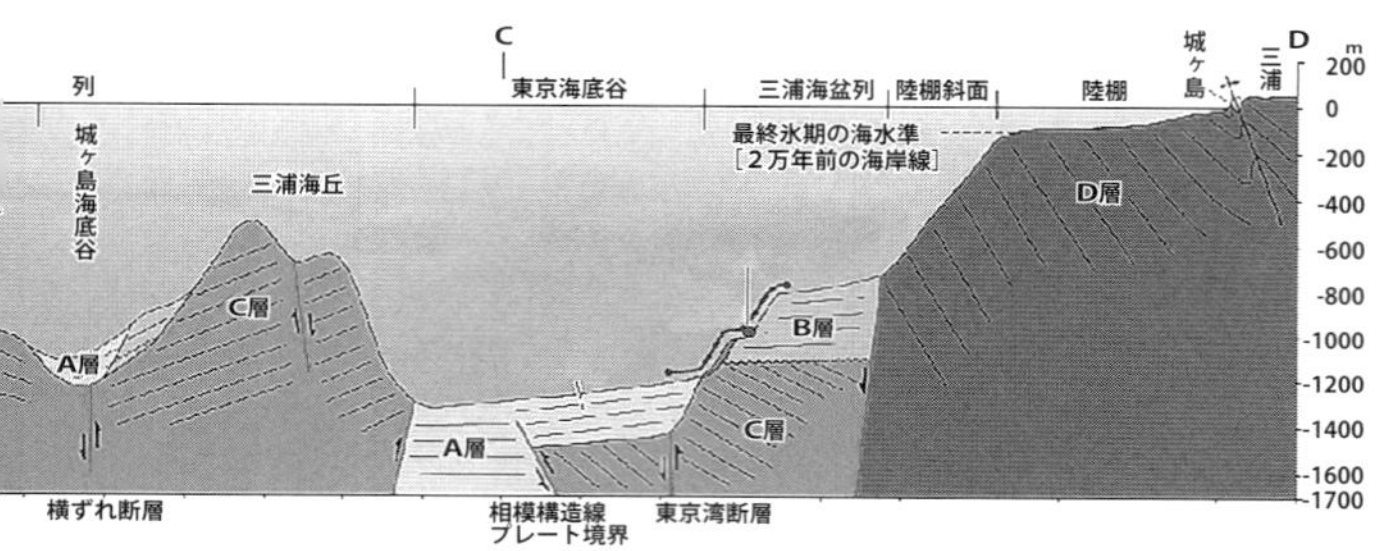

図1・4・2　相模湾周辺の地質断面図　森・藤岡・KO-OHO-O の会作成

たもので言わば礫です。従って、これは単に火山岩があった場所を示しているだけで、ここに火山そのものがあった訳ではありません。

沖ノ山堆列の裾野にある逆断層でできている部分については、東京大学地震研究所の中村一明さんたちが研究されています。相模トラフというのは、北西―南東方向に延びていますが、これはフィリピン海プレートの運動方向と同じ方向です。したがって、ここでは相模トラフはプレートが沈み込めなくて横ずれをしています。ここで起きる地震は横ずれで起きる地震です。ところが、房総半島南東側の相模トラフはその方向が、北東―南西に変わるためにフィリピン海プレートはこの部分では潜り込んでいるのです。このことによって、房総半島南東側の部分に付加体ができます。相模トラフの底に溜まった砂とか泥が陸側に押しつけられ、最終的に陸の部分に付け加わっていきます。そして非常にややこしいのですが、相模湾内では、潜り込んだものが断層で切られて持ち上げられ、また削剥され運ばれて、

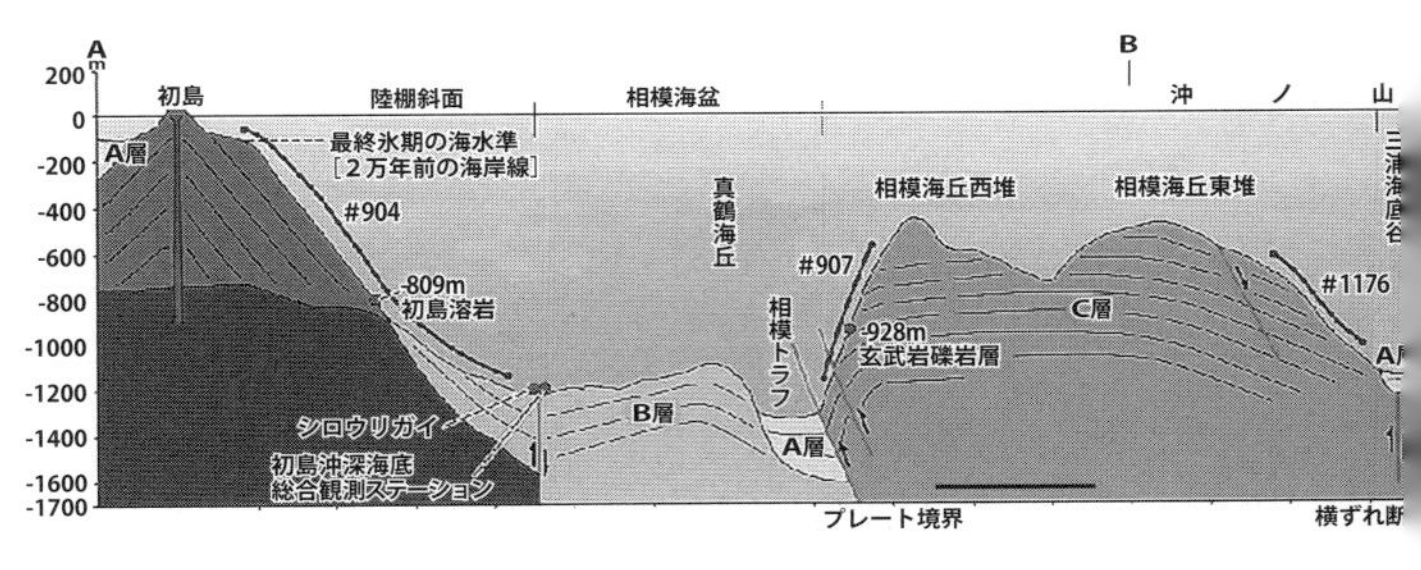

トラフの底に溜まってまた付加するというリサイクルを繰り返しています。そういう付加作用が日本で一番顕著にみられるのは四国の沖の南海トラフです。そこでは一億年もの長い間に渡って、付加体ができていきましたが、それと同じことがここでも起こっています。

地質断面図（図1・4・2）というものは、地下（海底下）二〇〇〇メートルくらいまでの深さにどういう岩石があるかを推定するのですが、実際にボーリングすると全然違っていたというのがほとんどです。これは、二〇〇〇メートルの深さまでは誰も正確には予測できないのですが、ある程度推測して、筆の勢いで書いてしまいます。そうやって相模湾の地質断面を見てみます。地質図には上総層群とか、第四紀の堆積物が描かれていますが、ここで大切なのは相模海底谷、相模トラフの一番真中で二〇〇〇メートル以上の厚さの堆積物があるということです。相模湾の東側の沖ノ山堆近くの断面図では堆列が非常に高角の断層で切られているように描かれていましたが、これは間違いで、実際はもっと低角の断層です。西側の地質は概ね伊豆半島に露出している第四紀の火山からなる岩石です。初島も同様に三〇万年ほど前に起こった火山活動が作った火山島です。

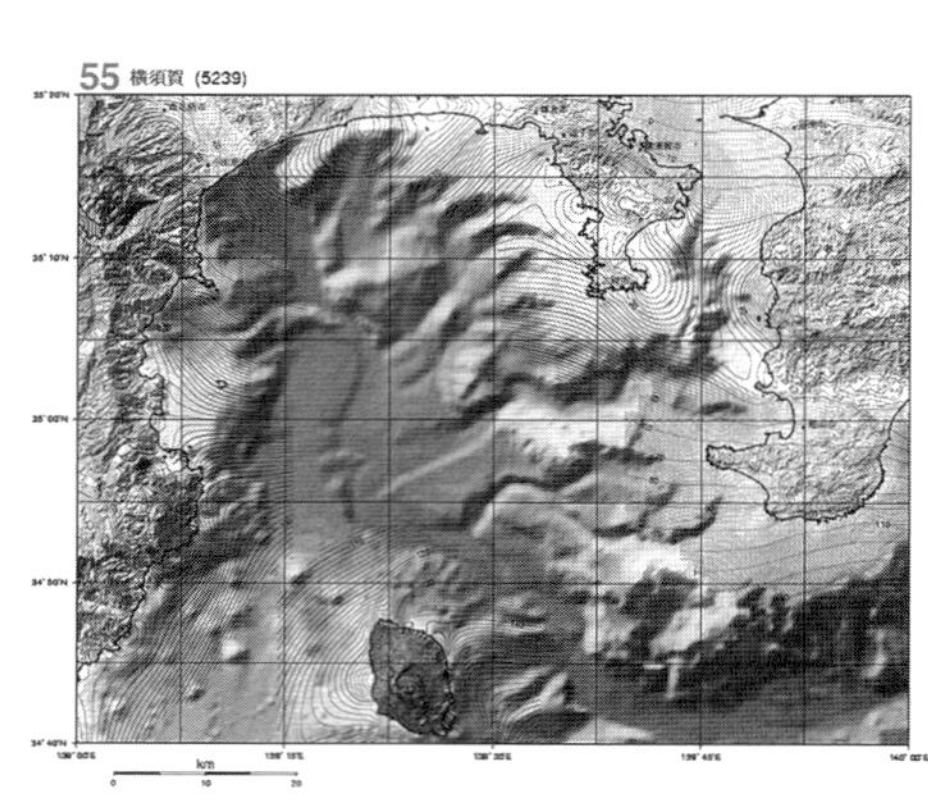

図1・5　相模湾重力異常図　木戸ゆかり作成

相模湾の重力異常と地磁気異常

次に重力を見てみましょう。密度のところでお話ししたように、重たい物質は、地下の深いところにあるのが安定で、逆に軽い物質は浅いところにあるのが安定しています。ところが軽い物質が地球の内部に持ち込まれたり、重い物質が浅いところにあったりすると不安定なために異常なことが観測されます。それが重力異常です（図1・5）。重力異常には、「ブーゲー異常」と「フリーエア異常」とがあります。ブーゲー異常は地殻の密度を約二・六七グラム／立方センチメートルとしたときに（花崗岩の密度が大体そのくらい）、それより重たい物質があるか軽い物質があるかを見たものです。フリーエア異常というのは全部を空気に置き換えた場合、海の場合は水に置き換えたときに異常があるかどうかを見るものです。

フリーエア異常があるのは伊豆大島や伊豆半島などの火山のあるところで、重たい岩石のあるところです。前にも述べましたが、玄武岩の方が花崗岩よりも密度が大きいですから、玄武岩が分布しているところは重力のプラス（正）の異常となります。それ以外に、相模トラフには重力のマイナス（負）の異常があります。相模トラフは軽い物質がプレートの沈み込みによって無理やり地下深いところに引き込まれてしまっているところなのです。なお、ここには二〇〇〇メートル以上の堆積物が溜まっており、そんなに堆積物があると、ガスとか油田が存在する可能性があります。

今度はブーゲー異常です。伊豆大島の南側には、密度二・六七グラム／立方センチメートルよりも重たいものが溜まっています。伊豆弧そのものを作っているのは花崗岩質の物質よりも重たいものです。伊豆半島も多少そうで、色の度合いが強くなっているのがそうです。次は、地磁気・磁力の異常です。地球の磁場は北極から南極に回っています。地磁気の異常とは、磁力線がある緯度の全体の磁場の分を取り除いてもまだ磁場がある部分をいいます。簡単にいうと磁気の強い岩石の存在を示します。玄武岩は磁鉄鉱をたくさん持っているので、そこに地磁気の異常が現れます。伊豆大島のやや西に地磁気異常の中心があるのが意味深です。伊豆大島の西側にはたくさん火山があります。それから初島付近にも地磁気の異常があります。初島や手石海丘のところです。これは箱根火山の南方で天城火山の延長になります。

相模湾の地殻熱流量

地球の内部から地表に運ばれる熱量のことを地殻熱流量と言います。地下に温度の高いもの、例えばマグマがあったりすると地表で観測される地殻熱流量は大きくなります。相模湾の中は地殻熱流量が高いのです。伊豆大島から南に続く火山フロントは、現在火山活動が起きている場所で、伊豆大島と箱根を結んだ火山フロントの線は、相模湾西部の相模湾断裂という断層と交差します。火山フロントとは、火山が分布する最も海溝側の線でこれより海溝よりには火山ができてきません。火山が並んでいるというのは、プレートの沈み込みに伴って地下一一〇キロメートルほどの一定の深さでマグマができるということを示しています。非常に温度が高く、その場所と断層が交わっていれば当然海底に熱い物質が上がってきます。これは熱伝導ではなく熱が運搬されるわけです。それを調べるために、地殻熱流量はさまざまな場所で計測されていますが、温度を測定するセンサーを色々な場所に突き刺して調べた結果が温度分布です。海水温というのは場所によって異なりますが、相模湾西部は海水温より明らかに高いのです。地殻熱流量に関して分かったことは二つあります。一つは相模湾で堆積物のあるところは非常に地殻熱流量が高く、深みに入ると一〇〇℃位になります。やがて相模湾からも熱水が見つかる可能性があります。

二つ目に、温度の時間変化を見ると、非常にきれいな一二時間変動を示します。一二時間変動とは何かと言うと、潮汐です。海の深さが一〇〇〇メートル以上の深い所でも、表面で起きている潮の満ち引きの影響が残っていることが分かります。こういうことは最近では当たり前ですが、昔はあまり知られていなくて、深海底で潮汐が観測されること自体が珍しかったのです。

初島沖深海底総合観測ステーション

先に見てきたように、相模湾の中には地殻熱流量がすごく高い部分があります。JAMSTECは、その地殻熱流量を計ったり、地震がどんな頻度で起きているか、などを調べるために、海底の温度を測るためのセンサーや地震計を搭載した「初島沖深海底総合観測ステーション」を海底に設置しています。別の潜水調査船からこのステーションを見ると、地震計、圧力計、磁力計、地殻熱流量を計る装置、ビデオカメラなどがついているのが分かります。この辺に起こっている地殻変動をくまなく計ろうとしています。初島の南東一〇キロメートル沖の、水深一一七四メートルのシロウリガイの群集のいる所に置かれて、周辺のビデオ撮影や計測を行っています。一九九三年から二〇年以上も続けていると、実に面白いことが分かります。例えば周辺は真っ暗でも生物は季節が分かるようです。水温の変化に敏感に反応して貝類が一斉に放精・放卵を起こし、海が濁ってしまいます。また小さな地震が発生し、斜面崩壊が起こり地滑りが起き、乱泥流が発生して海底が真っ暗になったりすることが分かりました。

音波探査記録

海底の堆積物の構造については、音波探査という方法で調べます。非常に周波数の低い数一〇〇ヘルツの音をエア・ガン（空気銃）で圧縮空気を爆発させて、地震波と同じような大きなエネルギーの音を出してやります。同じ音波でも、海底表面の地形図を作るのは非常に周波数が高い二〇キロヘルツの周波数を使うのですが、周波数を低くすると、エネルギーが大きくて堆積物の中へ浸透していきます。これが音波探査です。音波探査の記録（図1・6）を見ていくと、海の底に溜まっている堆積物の厚さや性質が分かります。この白黒パターンは音響的な性質を見ています。音波探査の地質断面図からは相模トラフには厚い堆積物があることが分かります。海底の表

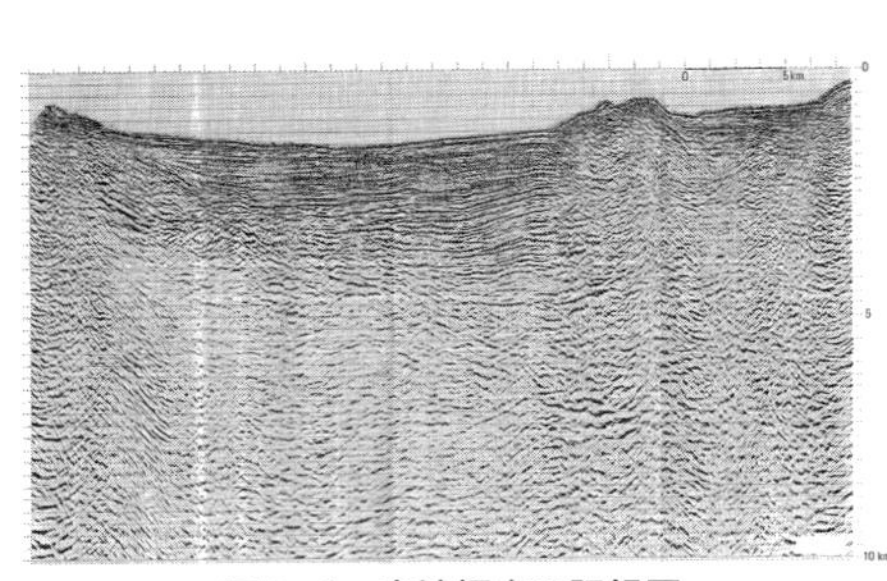

図1・6　音波探査の記録図
加藤茂・佐藤任弘・桜井操「水路部研究報告」第18号（1983）海上保安庁海洋情報部

層に一番新しい堆積物が溜まっていて、その下にいろいろな堆積物が堆積していますが、年代はよく分かりません。この堆積物がどのようなものであるかが分かるためには、二キロメートル以上掘削しなければならず、大変なことです。厚い堆積物の起源は後背地である丹沢山地や富士山などでしょう。三崎海丘から相模トラフの断面の解釈は海上保安庁水路部（現海上保安庁海洋情報部）の加藤茂さんがされています。ラインドローイングといってほとんど同じような音響的な性質をもった部分をトレースしています。分かっているのは非常に厚いという事だけで、年代や物質に関してはまだ分かっていません。

一九七二年の酒匂川洪水

一九七二年七月、大雨が降って酒匂川が氾濫し洪水が起こり、乱泥流が相模湾にまで流れ込みました。梅雨前線に伴う大雨による洪水でした。この日の降雨量は一時間に九〇ミリメートルぐらいで、土石流が発生しました。この土石流によってグアム・二宮間の海底ケーブル（今では使っていません）が切断されてしまいました。

海底ケーブルを切った土石流堆積物がどこにどのように分布しているかは、酒匂川の河口から沖合にかけて、たくさんピストンコアをとっていくと分かります。逆に、橋が流出した時間やケーブルの切れた時間を調べると、酒匂川を流れた乱泥流の速さが分かります。陸上では三メートル／秒と速く、海底では遅く〇・三メートル／秒で流れたことが分かりました。このような現象は世界的にも珍しいことです。現在では海洋底で起こる災害、特に津波堆積物として注目されています。

相模湾西部の火山

火山フロントと断層（西相模湾断裂）が交わるあたりは、地殻熱流量が非常に高くなっています。期待されるのは海底の温泉でしょう。初島の化学合成生物群集のシロウリガイはこういう所に棲息しています。実際には現在は冷湧水ですが。初島の南側に行くと火山と思われる地形がたくさん見られます。陸上の伊豆半島には東伊豆単成火山群が並んでいます。この東伊豆単成火山群の延長線に載っている山のような地形は間違いなく火山ですが、延長線に載らないものは、流れ山である可能性があります。伊豆半島の東側の斜面には小さな谷がいくつかありますが、上から地滑りが起こってこの谷にそって流れ山が海底の深いところへと運ばれたものと思われます。

伊豆大島に近づくと、伊豆大島の側火山があって、それらは北西―南東方向に並んでいます。伊豆大島の北には、海底を一〇数キロメートル流れた「熱川沖長大溶岩流(あたがわおきちょうだいようがんりゅう)」という溶岩がありますす。海底で長距離を流れたので有名です。海洋科学技術センター（現JAMSTEC）にいた仲二郎さんが確認したものです。伊豆大島の北西にあり、その西側から延々と相模トラフにまで流れています。どうも一回の噴火のようです。それが海底では枕状溶岩（ピローラバー）（写1・1）を作っています。サイドスキャン・ソナーで音を横から出して強い反射面があるかないかを見ると、礫のようなものがゴロゴロしているのが見えます。潜水調査船で潜ってみると、枕状溶岩の上を見ているのですが、ピローが長くのびたローブが見えます。枕状溶岩の表面にはこすれた跡があります。これは一旦できたピローの中にあるドロドロに溶けたマグマが殻を突き破って出て、その時急冷している部分が擦られてこんな形になるのです。全体が枕状溶岩で一番外側に急冷相があり、中側は結晶が大きくなり、急冷でできたクラック（冷却による割れ目）が入ってくるという典型的な枕状溶岩です。

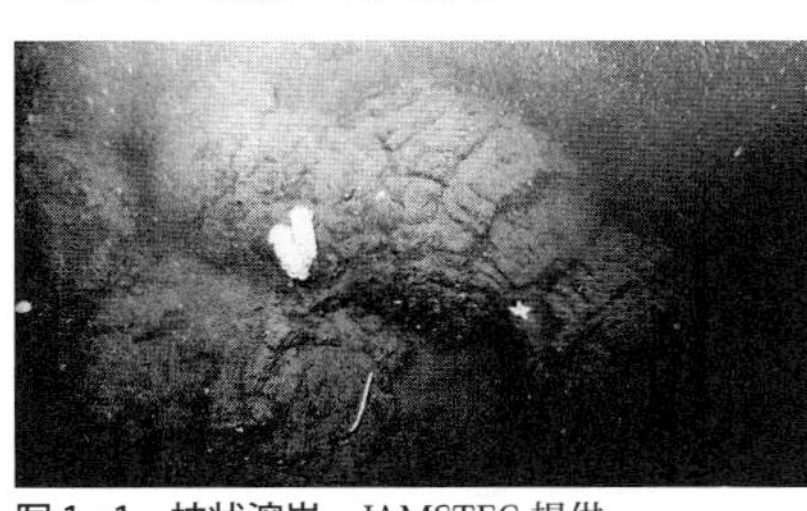

写1・1　枕状溶岩　JAMSTEC 提供

この溶岩は、SiO_2（シリカ）五〇％の粘性の低い玄武岩です。成分は伊豆大島の火山の成分とよく似ています。年代は分かりませんが、伊豆大島の一部とも思われます。とんでもない大量のマグマで、もしかすると伊豆大島の噴火に匹敵するか、それ以上の量の溶岩が出ている可能性があります。

幻の湘南火山帯

東京大学地震研究所の松田時彦さんは活断層の大家で、南部フォッサマグナや丹沢を非常によく研究されて、特に伊豆半島を中心にして西側にあたる静岡県の富士川流域の地層と東側の三浦半島や房総半島の地層とは連続性が良いことを指摘されました。例えば、静岡の竜爪(りゅうそう)や十枚山、真富士山などの古い火山が、伊豆半島の西側から東へと繋がっているようだということは分かっていたのです。実際は、神戸大学教授の杉村新さんが一九七二年に提案されるまでは、伊豆の衝突という概念はありませんでした。それで、伊豆半島の火山とその周辺の火山とはこんな風に繋がり、相模湾の中にも火山帯があると考えたのです。多分その根拠になったのは、前に述べた海底地質図の中にいっぱい赤い火山岩のマークがあったからでしょう。

どうしてそんな地質図を書いたのかというと、海底の堆積物をドレッジで採取して、火山岩が取れると、そこに火山岩のマークをいれていたからです。それでいかにもここに火山があるように見えます。そのやり方でいく限り、火山かもしれません。ところが火山だったらどうしても観測されなければいけないものがあります。それは地磁気異常です。玄武岩であれば磁鉄鉱をもちます。この磁鉄鉱が曲者で、実はマグマの最初の温度は一二〇〇℃ぐらいで、温度が下がってきて五七〇℃を通過するときに磁鉄鉱ができるのですが、そのとき地球の磁場の方向を覚える性質があります。それが磁鉄鉱の性質なのですが、そのような玄武岩が山体を作っていると、正の異常と負の異常が二つの目玉のようになって現れます。現在の伊豆大島など火山フロントの火山には正と負の地磁気異常の目玉がちゃんとあります。ところが、湘南火山帯の火山といわれるところはこのような地磁気異常が無いので、火山ではないでしょう。それで「幻の湘南火山帯」と呼んだのです。

もともと、私が初めて相模湾の三浦海丘に潜って火山性の岩石を得たことが鍵だったのです。この岩石のマトリックス（基質）は基本的には泥岩で、その中に火山岩の岩片がたくさん入っている火山性泥岩です。こういうものをドレッジしてみるとドレッジが海面から船に上がって来るまでに基質の泥岩は洗い流されて火山岩だけがたくさん見つかります。それを地質図に書き込むと湘南火山帯ができてきてしまうわけです。実際には火山性の堆積岩で、伊豆大島にあった岩石が相模トラフへ流れ込んで、その堆積物が付加したものです。

西相模湾断裂

伊豆半島の東沖、相模湾の西側には西相模湾断裂がありますがこれについては、神戸大学の石橋克彦さんが複雑なモデルを考えました。西相模湾断裂に沿ってプレートが真二つに割れているというモデルです。東側の相模トラフの部分が沈み込んで、西側の伊豆半島の部分では本州と衝突が起こっているというのです。これを解釈すると、一種のスリバー（細長い板のようなもの）が沈み込んで、伊豆半島本体の部分は本州に衝突し、大部分は相模トラフ側が沈み込むことで歪みを解消しているということのようです。JAMSTECの大河内直彦さんはまた別のマイクロプレート（小さなプレート）を考えています。静岡大学の小山真人さんは伊豆半島にマイクロプレートを考えています。伊豆半島や相模湾の西側に関しては群雄割拠で、いろいろな考えがあってまだ決着はついていません。

相模湾のテクトニクス

「テクトニクス」とは構造物を作る運動やなぜそこにそのような構造物があるのかを説明することなどの意味です。相模湾の構造を作る運動ということです。伊豆大島の東斜面から由来する堆積物は、房総半島の南にある相模トラフで、陸側にある房総半島の南沖に付加していると言いました。ここで面白いのは伊豆大島が噴火すると、このあたりの卓越風（たくえつふう）が西風ですから、堆積物は東側斜面に積もり、斜面の地形は膨らみます。伊豆大島の西側の斜面は主に溶岩からなるので急になりますが、東側斜面には火山灰や火山礫が溜まって緩くなります。ところが、相模トラフに沿って伊豆大島自身がちょっとずつ沈み込んでいます。その運動により斜面が崩壊します。東斜面はほとんど火山灰や火山礫からなりますが、斜面が崩壊すると火山灰類は相模トラフに流れ込んで溜まっていきます。相模トラフに溜まったものは陸側（房総半島側）に押しつけられて付加体を作っていきます。付加体が隆起して陸上にまで成長した三浦半島を作る地層は、基本的にはこういうテクトニクスでできたと考えられます。火山島があって、すぐ近くに沈み込み帯がある場所では、こういうものができるということです。

　相模トラフの真中には厚い堆積物があります。この厚い堆積物は基本的に丹沢からもたらされ、もしこの侵食がなかったら丹沢は六〇〇〇メートルの高さになるという人もいます。隆起した丹沢は削られて相模トラフに流れ込んでいるのです。その結果二〇〇〇メートル以上の堆積物が溜まっていたわけです。相模湾でものが溜まる速さは速くて、一〇〇〇年で一メートル以上も溜まります。新しい年代の堆積物の堆積速度を知るのは非常に難しいのですが、この周辺には活火山である新島、神津（こうづ）島があり、西暦八〇〇年代後半にこれらの島から噴火した非常に顕著な火山灰があります。このあたりの火山灰がすべて玄武岩質で黒いのですが、新島や神津島に由来する火山灰は流紋岩（りゅうもんがん）質で色が白いのです。これが海の底に溜まっていて、これを上手く対比して、これらが噴火した平安時代の火山灰の上に何メートル堆積物があるかを測定し、年代や堆積の速度を決めることができます。

　伊豆大島の南には「大室ダシ」という伊豆大島より大きい、昔、島だった浅瀬の高まりがあります。このあたりの海底地形図を丹念に見ると、伊豆大島や大室ダシ東側の大崩壊がよく分かります。ある日、大爆発を起こして島ごとなくなってしまいました。島の崩壊により生じた堆積物は、どこへ行ったのかというと、全部東側の斜面、相模トラフに土石流となって流れているのです。大室ダシから流れてきたローブ状の地形で、溶岩質のものが斜面を流れ下ったものので、その活動が二回あったことが分かります。このスキームは伊豆大島の堆積物の場合と全く同じです。この大室ダシは大部分が白い酸性の流紋岩ですが、流紋岩質の島を飛ばしてしまうような大噴火と、伊豆大島の黒い玄武岩とが、一緒に流されて混ざってしまうと、三浦半島に出てくるような三浦層群の白と黒の粒子からなる地層になります。三浦層群も、そんな所で溜まったのでしょう。

相模湾の誕生

これまでいろいろ見てきた相模湾はいつ、どのようにしてできたのでしょうか。

実は、南海トラフ、駿河トラフ、相模トラフは、伊豆・小笠原弧上にあった「伊豆島」の衝突が起こる前までは一本の沈み込み帯（海溝）、古い南海トラフ（海溝）とでもいうべきものでした。それが伊豆島の衝突で、伊豆島は本州にくっついて半島になり、海溝はその結果二つに分かれて駿河湾と相模湾ができたのです。つまり、この衝突した時期がいつか分かれば、相模湾がいつできたの分かります。それはおよそ一〇〇万～六〇〇万年前ぐらいだと言われています。

相模湾は一二〇〇キロメートルも続く伊豆・小笠原弧の最北端に位置していて、伊豆・小笠原弧の本州への衝突によって湾として誕生し、プレート境界として、地震や火山、地殻変動を起こしているのです。このことが相模湾を現在知られるような生物の宝庫であるようにした原因なのです。このことは後に第六章で詳しくお話します。

第二章

相模湾の変わった住人たち

サンゴとカイメン　JAMSTEC 提供

相模湾や駿河湾、そして富山湾には多様な生物が棲息しています。それにはわけがあります。生物が棲息する条件としては、水深や海流、つまり水の問題が一番大きいと思われます。日本列島は南北に長いために低緯度地域からは温かい水が、高緯度地域からは冷たい水が流れてきます。その両方が混ざって混合水塊ができます。相模湾にはこれらの水が入り込んでいるために暖流、寒流、それらの混ざった混合水塊のそれぞれに適応した生物が入り込んでいるのです。また陸上の河川からの水、淡水も湾の中に入り込んできます。

相模湾は深い湾であるために深海生物が棲息できます。浅い大陸棚に棲息する、太陽の光をエネルギーとする生物もいれば、太陽の光以外の地球の内部エネルギーに依存する生物も同時に棲息できます。このような条件が相まって相模湾にはさまざまな生物が棲んでいるのです。明治以来の研究から、相模湾には固有の生物も知られています。そして、これらの生物を研究するために研究所が建てられました。日本の海洋生物の研究は相模湾から始まったのです。それでは、相模湾に棲息している生物について見ていきましょう。

相模湾の珍しい生物

明治の初めに日本にやってきた外国人教師たちが、相模湾の珍しい生物をたくさん紹介しています。それらはオキナエビス、ホッスガイ、メンダコ、タカアシガニ、オオグソクムシ、トリノアシ、シャミセンガイ、カイロウドウケツ（写2・1）、ラブカ、ミツクリザメなどでしょうか。また、サガミ（相模）の名前を冠した生物も多数知られています。「葉山しおさい博物館」には生物の剥製や液浸の標本があり、サガミの名前の付いた生物のリストもあります。全部で一三〇種ほどもあるようです。名前はサガミ以外にもミサキ（三崎）とかアブラツボ（油壺）、エノシマ（江の島）、カマクラ（鎌倉）、ズシ（逗子）など地名を使ったものが多いようです。なかでも一番多いのが軟体動物で四五種、次に多いのが節足動物の二〇種、刺胞動物の一七種、脊椎動物の一四種と続きます。

写2・1　カイロウドウケツ　JAMSTEC 提供

海洋生物の棲息場所

広大な海洋にはいったいどれだけの種類とどれだけの量の生物が棲息しているのでしょうか。生物はその棲息環境、ニッチ（ある生物が棲息する生態学的な空間や地位）によって、その群集が異なります。

まず海洋の水平方向では海水温の変化や海流の流れなどによって生物群集が異なります。一方、海水の深さ方向、鉛直方向でも大いに異なります。水温の変化は溶存する酸素の量などを決めていきます。また陸上の河川によって海水の塩分が薄められたりすることも影響があります。そのために海洋の表層、中層、そして深海では生物の群集の組成が異なります。

それでは、海岸から深海までそこに棲む生物を見ていきましょう。海岸には砂浜や岩礁海岸などいろいろありますが、そのどこにも生物は棲息しています。子供の頃に海岸で遊んでいていろいろな生物に出会いました。砂浜にはヤドカリやゴカイ、アサリなどが棲息しています。岩礁海岸には、岩に付着する貝類やウミウシ、ヒザラガイなどが見られます。岩ガキやウニも見られます。海岸にはさまざまな栄養があり太陽の恵みもあります。海岸の近くには数多くの生物が棲息できる特殊な環境があります。アメリカ西海岸にあるモンテレー湾にはジャイアントケルプと呼ばれる高さ五〇メートルを越える昆布が林立しています。ケルプの林はさまざまな生物にとってのすみかになって一つの生物圏を作っています。アマモなどが密生する藻場も生物にとっては良いすみかです。そこにはさまざまな種類の生物が棲息しており、やはり一つのコミュニティを形成しています。熱帯地域の火山島の周辺などにはサンゴ礁があります。サンゴ礁も一つの生物圏を作っています。

少し沖合に出ると、イワシの大群をイルカやサメが、そしてクジラが追いかけ、空からは鳥が襲うという食物連鎖が見られます。海面にはさまざまなプランクトンが浮遊し、さまざまな魚が泳いでいます。生物のほとんどが浅い海にいると思ってしまうのもやむを得ないでしょう。

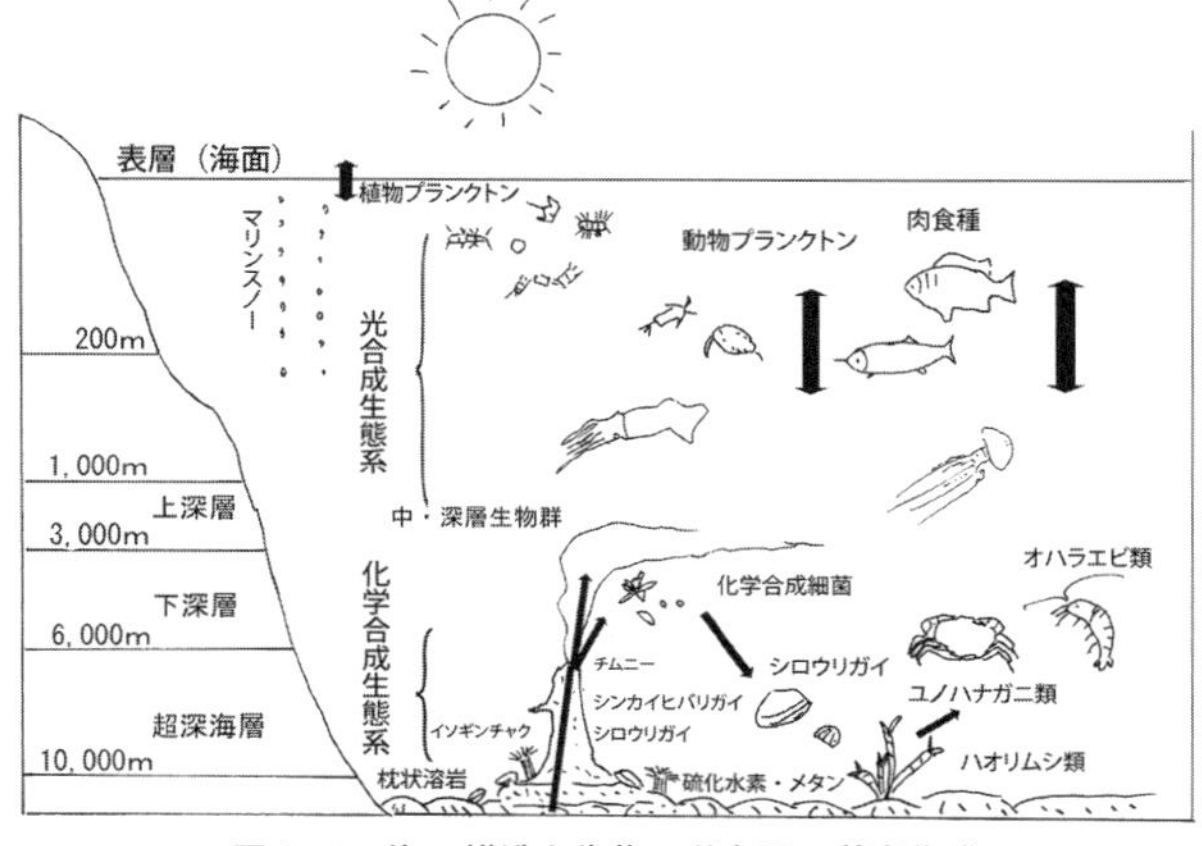

図２・１　海の構造と生物の分布図　著者作成

サケやマグロ、カツオなどは海流を利用して回遊しています。大きな回遊をするマグロはアメリカの西海岸まで回遊しています。

中層にはさまざまなクラゲ（海月）が棲んでいます。コウモリダコやエビの仲間も遊泳しています。ゆらゆら漂っている生物がプランクトンなら、泳ぐものはネクトンと呼ばれます。ネクトンは昼と夜とでは活動の深さを変えるものがあります。

もっと深い海には不気味なソコボウズやチョウチンアンコウなどがいます。海底にはセンジュナマコやヒトデの類が底を這いまわっています。クモヒトデは一種のスカベンジャー（腐肉食動物）です。場所によっては、海底がクモヒトデでできているとしか思えないほどおびただしい数が棲息しているようなところもあります。

相模湾には水深二〇〇〇メートルもある深海があってオオグチボヤやカイロウドウケツ、オトヒメノハナガサなど珍しい生物が棲息しています。これらは付着生物で、硬い地層や岩石の表面にくっついて生活しています（図2・1）。

生物の水深分布は海洋の水平方向や鉛直方向の物理や化学条件に従って決められています。それは温度、圧力、塩分、太陽の光線などが海洋の鉛直方向で異なることに対応しています。また、生物を養っている器ともいうべき岩石など硬いものや、堆積物などのやわらかいものとの関係があります。海水の流れに伴う酸素や栄養塩の運搬も関係があります。海でも、淡水の流入や潮の満ち干きによって海水と淡水が混ざる汽水（きすい）にもなるような海岸の湾では沖合の塩分の濃いところとは生物相が異なります。

さて、相模湾には一体どのような生物が、どれほど棲んでいるのでしょうか。

相模湾の深海生物

第五章で詳しくお話ししますが神奈川県水産試験場（現神奈川県水産技術センター）の江川公明さんは、相模湾西部の漁場の調査を行っていて水深一一〇〇メートルあたりでおびただしい数のシロウリガイとエゾイバラガニからなる、日本初の化学合成生物群集を発見しました。化学合成生物群集は、最初、ガラパゴス沖や東太平洋海膨の熱水地域で見つかっています。その後、米国西海岸のオレゴン沖で海嶺の熱水系ではなくて、海溝での冷湧水に起因する化学合成生物群集が発見され、一九八四年に発表されたばかりでした。

ところで、化学合成生物というものを聞かれたことがあるでしょうか。太陽のエネルギーによる光合成ではなく、化学反応により得られるエネルギーを使って生きている生物です。特に硫化水素やメタンは、合成されるエネルギーが大きく、それを使って棲息しているバクテリアがいて、そのバクテリアを食べている大型の生物がいて、一つの食物連鎖ができています。相模湾の中にも沖ノ山堆や初島の周辺でシロウリガイとシンカイヒバリガイが発見されています。化学合成生物群集には硫化水素系とメタン系の二種類があり、シロウリガイは硫化水素をシンカイヒバリガイはメタンを主なエネルギー源として生きています。バクテリアマットというのはオレンジや白の変色帯として観察されます。バクテリアは一つ一つは見えませんが、束になるとマット状に分布します。チューブ状の管を作るハオリムシ（羽織の紐のハオリ）というのがいます（写2・2）。これはゴカイの一種ですからチューブの中にミミズみたいなものがいて、これが海水を取り込んで、

写2・2　チューブワーム　JAMSTEC 提供

海水に含まれる硫化水素を体内に共生させたバクテリアに与え、バクテリアに有機物を作らせて生きています。相模湾の中には小さいものがたくさんいます。チューブワーム（ハオリムシ）は可愛らしくてキンポウゲの花のようです。このあたりの沖ノ山堆の裾野にはシロウリガイの死骸がいっぱい見られます。

先に述べたように、化学合成生物群集は、最初は熱水系で発見されました。一九七七年と一九七九年に東太平洋海膨（北緯九度）やガラパゴス海嶺で深海底から三六〇℃にも達する黒い煙を吐き出す煙突状の金属硫化物の構築物（チムニー）が見つかり、その周辺から巨大な（三〇センチメートルもある）シロウリガイやチューブワームなどが報告されました。それは今まで人類が全く知らなかった新しい生物群集で、地球科学や生物科学の分野での二〇世紀最大の発見でした。一方、一九八四年に米国西海岸のオレゴン沖から、今度は冷たい湧水に依存する生物群集が見つかり、冷湧水生物群集と呼ばれましたが、生物相の構成は熱水系の生物群集とほぼ同じでした。

相模湾では主にその西側に冷湧水生物群集が見つかっています。静岡県になりますが、初島の南東沖の水深一一七四メートルから大量のシロウリガイの群集が見つかりました。前述の一九八四年のことで米国の生物群集の発見と同じころです。また、相模トラフをまたいで東側の沖ノ山堆の麓からも見つかっています。これらは、それぞれ初島生物群集、沖ノ山生物群集と呼ばれています。相模湾ではそれ以外の場所からはまだ見つかっていません。

これらの化学合成生物群集に共通の地球科学的な特徴は、群集の棲息する地域の地下に断層が通っていることです。すでに第一章でお話ししたように、初島には西相模湾断裂と呼ばれる南北性の断層が堆積物の下に埋まっていますが、そこを通って地下からメタンや硫化水素が海底に供給されているようです。断層の直上には地下から来る放射能の量が多いのですが、断層から離れるとその量が減っていくことが確かめられています。沖ノ山堆列の相模海丘や沖ノ山堆の麓には低角の逆断層が発達しており、その上に東京湾から運ばれた厚い堆積物が載っていて、断層からしみだしてきたメタンなどが化学合成生物群集の栄養源になっているようです。

このような生物群集は駿河湾の東側、伊豆半島の西側斜面からも知られています。また、南海トラフには大量の生物群集が見つかっていますが、駿河湾の南海トラフからの延長である西側の斜面からはまだ見つかっていません。一方、富山湾からはこのような化学合成生物群集の報告は全くありません。これらの情報は三つの湾の生物の成り立ちを考える上で重要です。

CoMLであきらかになった生物の多様性

二〇一〇年はユネスコの設定した「国際生物多様性年」でした。二〇〇八年は「国際サンゴ礁年」、二〇一一年は「国際森林年」でした。世界中の研究者が協力して海洋に棲む生物の種の量や分布を調べるプロジェクトが二〇〇〇〜二〇一〇年にかけて行われました。これがCoML（Census of Marine Life）で、その課題は海洋生物の戸籍調べ（センサス）です。このプロジェクトは海洋の生物全体を扱うもので、世界中の研究者の協力が必要です。日本の大学やJAMSTEC、その他の生物関係の機関が協力しています。その結果、海洋に棲息する生物の種の数などが推定できました。

日本の排他的経済水域（EEZ）は日本の陸上の面積の一〇倍もありますが、世界の海洋の面積の一・二％に過ぎません。しかし、そこに棲息する生物の種の数が世界全体の種の数の一四・六％にも達していることは驚きです。相模湾は仮に直径七〇キロメートルとすればその面積はおよそ三八四八平方キロメートルで、日本の領海と排他的経済水域を合わせた四四七万九三五八平方キロメートルの〇・〇八六％にしかなりません。しかし、相模湾には日本の海域全体の一八％にも及ぶ生物種の数が観測されたのです。驚くべき数だと思います。相模湾はとてつもなく生物の種類が多い湾であるということです。葉山御用邸の隣にある「葉山しおさい博物館」には相模湾の生物が展示されおり、サガミと名前の付く生物が一三〇種ほどもあることはすでに見てきました。なぜ相模湾にはこのように生物が多く、種の数も多いのかは後ほど第八章で考えてみたいと思います。

第三章

日本の海洋生物研究の始まり

カサゴの一種　JAMSTEC 提供

相模湾の奥には小さな島があります。江の島です。観光や信仰の名所で古都鎌倉にも近く、フランスの景勝地モンサンミッシェルにも例えられる島です。遠くから江の島を眺めると頂上が平坦で、海岸線近くにも平坦な地形が見られます。この島は明治の初めに世界の研究者から注目されたのです。そして日本で最初の海洋研究のための臨海実験所がここにできたのです。

江の島は日本の海洋生物学の始まりの地です。明治の初めに外国人が買い求めた貝類の紹介が世界に大きな衝撃を与え、多くの生物研究者が江の島を訪れました。モースは貝塚の発見で有名ですが、それだけでなく、東京大学の教授となり、江の島をフィールドとして多くの研究業績を上げ、学生も育てました。江の島の臨海実験所はやがて城ヶ島から油壺（あぶらつぼ）の三崎臨海実験所となり、現在も続いています。相模湾の生物の最初の調査研究はイギリスの「チャレンジャー号」が行いました。

なお、この章では年代を明治という元号も使って表記します。明治元年は一八六八年です。東京大学ができたのと西南戦争が起こったのが明治一〇年（一八七七）など、いろいろな出来事が、新生日本の誕生した明治初年からどのくらい経っているかを知るには良いと思われるからです。

相模湾は生物の宝庫

相模湾が謎に満ちた海であることを世のなかに最初に知らしめたのは、明治の初めに外国人教師として来日したヒルゲンドルフやモースたちによる生物の研究でした。一八七三年（明治六）に日本にやって来た外国人教師であったドイツ人ヒルゲンドルフは医学校の講師でした。ある日、観光で江の島にやって来て土産物屋で美しい巻き貝を買い求めました。そしてこれが化石にある貝ときわめて類似していることや、これが世界で二例目のものであることに気が付いてこれを一八七七年（明治一〇）に新種として論文に記載しました。それがオキナエビスで、日本を代表する貝として郵便切手の図案（図3・1）にもなりました。ヒルゲンドルフは魚の研究の創始者でした。

図3・1　4円切手（2002年9月まで販売）

写3・1　ホッスガイ
JAMSTEC 提供

ヒルゲンドルフの帰国後にその後任として一八七九年（明治一二）にドイツからやって来たのがルードヴィッヒ・デーデルラインでした。彼もまた江の島の土産物屋で売っていたホッスガイ（写3・1）というガラス質の海綿に注目しました。そして生きたままのものを入手したいと考えてドレッジを行い手に入れました。彼は相模湾を「海洋生物の宝庫」として世界に紹介しました。

相模湾の最初の生物研究

実は、相模湾から直接生物を採集して行った最初の生物研究はヒルゲンドルフでもデーデラインでもモースでもないのです。モースが来日する二年前の一八七五年（明治八）には、イギリスの海洋調査船「チャレンジャー号」（図3・2）が日本にやって来ました。世界周航の途中、横須賀のドックで船を修理した後、相模湾の二か所と房総半島沖でドレッジを行い、オトヒメノハナガサを採集したことは、あまり知られていません。いずれにしても相模湾の研究の草分けは、外国人であったのです。それは私が一九七七年（昭和五二）に深海掘削船「グローマー・チャレンジャー号」に乗船するより一〇〇年も前のことです。

『種の起源』の本で有名なチャールズ・ダーウィンが「ビーグル号」で世界周航してからおよそ四〇年たったころ、海洋に関する本格的な調査航海が持たれました。一八七二年（明治五）に、これも同じイギリスの「チャレンジャー号」を使って五人の科学者が達成しました。ことの起こりは、深海に生物は存在するのかどうかという話から始まりました。エドワード・フォーブスという人は水深三〇〇ファゾム（一ファゾム（一尋(いちひろ)）・約一・八メートル）、およそ五四〇メートルより深いところには生物が全く棲息していないのではないかと考えて、そこをアゾイック（無生物帯）と呼んでいました。ところが海底ケーブルの敷設などでケーブルに付着した生物が得られたことから、海底をドレッジして生物がどの深さまで棲息しているか調べようということになったのです。そのためにドレッジャーが開発され、ついに本格的な調査航海が持たれました。

図3・2　チャレンジャー号
「チャレンジャーレポート」航海記編 第1巻（1885）

一八七二年（明治五）一二月二一日にイギリスのポーツマスを出港した「チャレンジャー号」は、「ビーグル号」が調査した南半球だけではなく、太平洋、大西洋、インド洋の三大洋を走破しました。

「チャレンジャー号」の航海のコースは、まず南米のバイアへ寄って、「ビーグル号」とは逆に東にアフリカの喜望峰を経てインド洋の南極寄りのコースを取ってオーストラリア、ニュージーランドからトンガ、フィジーを経てフィリピンそして香港から日本に入ります。太平洋を東へオントンジャワ、タヒチを経由して南米西海岸のバルパライソを経てマジェラン海峡を越えて

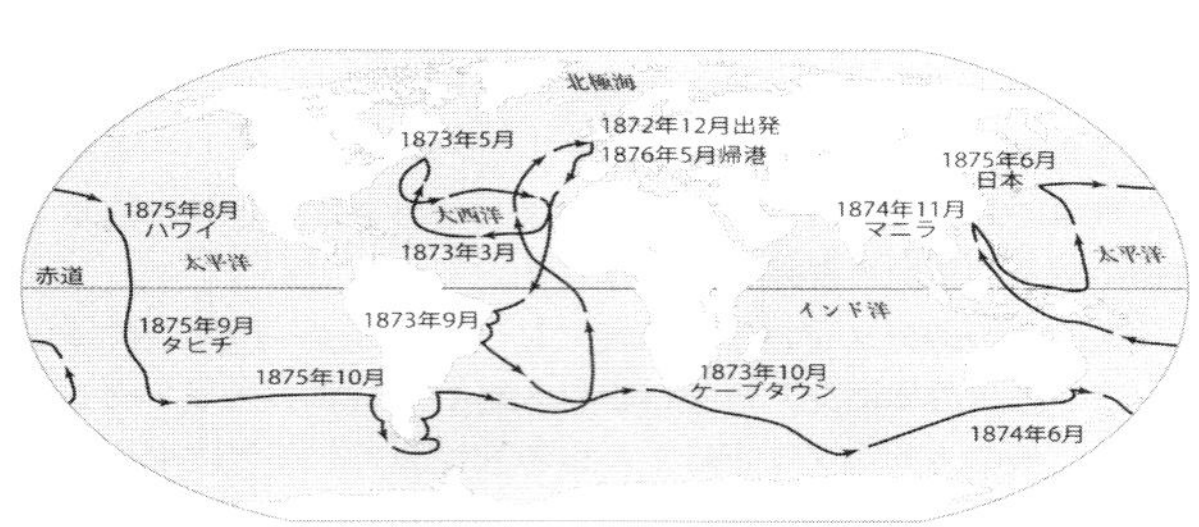

図3・3　チャレンジャー号の航跡
（株）誠文堂新光社『海がわかる57のはなし』より

南米の東海岸のモンテビデオからイギリスのポーツマスへ戻っています（図3・3）。

「チャレンジャー号」の団長は博物学者のチャールズ・ワイヴィル・トムソンで、ほかには同じ博物学者のヘンリー・ノティッジ・モーズリー、チャレンジャーレポートの編纂に貢献した博物学者ジョン・マーリー、化学者のジョン・ヤング・ブキャナン、そして若きドイツ人の動物学者ルードルフ・フォン・ヴィレメース＝ズームが乗船しました。ルードルフは航海中に二八歳で病死したために、完走はできませんでした。彼以外はすべてイギリス人でした。

この航海では航走距離六万八八九〇海哩、およそ一二万七五八四キロメートルを走破し、三六二地点で観測を行いました。採集した標本は一万三〇〇〇種にも及び、得られた海水は一四四一本、底質は数百点でした。観測した最大の水深は四四七五ファゾム、およそ八一九〇メートルで、生きた生物の得られた最大深度は五七二〇メートルでした。これは深海平原に相当する水深になります。海溝域を除くすべての海の底には生物が棲息することが分かったのです。この航海の報告書は主にジョン・マーリーによって編纂されましたが、それはチャレンジャーレポート五〇巻、三万ページにいたるものです。チャレンジャーレポートはすべての海洋研究のバイブルとなり、現在でも多くの研究者に読まれています。

この航海で得られた知識や経験そして資料などの中から、いくつか重要なものを上げてみましょう。まず無生物帯というものがもっと深いところにあることが分かったことでした。それから、海底の堆積物の中には海洋の表層に漂うプランクトンの死骸がたくさん存在することです。これはグロビゲリナ（有孔虫類）とか翼足類（よくそくるい）などの微小な生物の殻で、これが顕微鏡の下で初めて観察されました。海底のドレッジでクジラの耳骨も見つかりました。またメガロドンという巨大なサメの歯も得られています。メガロドンはタヒチの水族館の入口にあり、客はこの歯のついた口の中へ入っていきます。京急油壷マリンパークの入口にも同様のレプリカがあります。深海底でマンガンの塊（玉）、マンガン団塊が得られたのもこの航海が最初でした。

「チャレンジャー号」は一八七五年（明治八）ドック入りのために日本に寄港して研究者は若き明治天皇に拝謁します。ドック入りの間、研究者はいろいろなところで講演をしたり、クルーは日本各地の観光旅行をします。ドック明けに「チャレンジャー号」は相模湾から石廊（いろう）崎（ざき）、伊豆大島、神戸、明石海峡や瀬戸内海を経て一度横浜に戻ります。その後は、房総の沖

写3・2　E.S.モース
横浜開港資料館所蔵

などでドレッジを行って生物を採集し太平洋へと旅立っていきました。房総沖では奇妙な生物を採集しました。これが実は相模湾や日本周辺の海で初めての生物の調査だったのです。ヒドロ虫の一種で、西洋のモップのような巨大な生物です。これは後に相模湾で日本人が入手し、オトヒメノハナガサという名前が付けられました。

日本の海洋生物研究の生みの親モースの貢献

日本の海洋生物研究の創始者、エドワード・シルヴェスター・モース（写3・2）は、一八三八年六月一八日米国東海岸（メイン州）の古い港町ポートランドに生まれました。一八七七年（明治一〇）、一人のアメリカ人の青年、モースが横浜の港へ上陸しました。横浜の港に着いてはしけで岸まで運ばれたあと、彼はその足で東京へ出る途中に汽車の窓から景色を見ていると、なんだか貝殻が山積みにされた小山が目にとまったのです。現在のJR大森駅の近くでした。そうです大森貝塚です。これが実は日本で最初の貝塚発見の顛末でした。

彼の名前は考古学の分野で有名になりましたが、モースは本来生物の研究者でした。モースはヨーロッパの生物研究者が報告している日本の相模湾の珍しい海の生物に興味をもち、とくに古生代に棲息したシャミセンガイの研究のために日本へやってきたのです。シャミセンガイは貝類（斧足類（二枚貝類）、腹足類（巻貝類））ではなく腕足類で、生きた化石とも言われていました。現在も相模湾に棲息しています。

モースは足掛け三年にわたって日本で生活し、やがて東京大学の動物学教室の初代教授になります。そして海洋の生物を研究し始めました。彼は日本には三回来ていますが、その間北海道から東北、京都、長崎や鹿児島などを旅行して生物の試料や民具の採集を行いました。大森貝塚の発掘を行い、報告書を東京大学の紀要に出しています。東京から人力車でやってきたモー

写3・3　ミドリシャミセンガイ
撮影：萱場（監物）うい子

スは江の島に今もある旅館「岩本楼」に泊まって研究をつづけました。近くの漁師の家を借り上げて日本で初めての臨海実験所を江の島に設立しました。現在の東京大学三崎臨海実験所の前身になります。

モースは多くの日本人海洋生物学者を育てました。江の島では船を雇ってホッスガイやシャミセンガイ（写3・3）の採集を行い研究しました。

ヒルゲンドルフやモースはダーウィンの進化論を日本に紹介し、なかでもモースは日本生物学会を起こしたり、講

義や講演を何度も熱心に行っています。講演の回数は相当な数にのぼり、今でいうアウトリーチの草分けでした。ある講演会では一般の庶民も含めて八〇〇人もの人が講演を聞きに来たと言います。彼は博物館を作りましたが、これは日本では受け継がれなくて廃れてしまいました。

明治の初めに一般の人向けにこのような活動をしたこと、さらに英語の講演であるにもかかわらず東両国「中村楼」での講演会には一般の人たちが二〇〇〇人も集まったことは、驚き以外の何物でもありません。ヒルゲンドルフとモースが教壇に立っていた明治一〇年ごろの東京大学では、公開の一般講演会を定期的に行っていたようです。

図3・4　動物学研究所（日本最初の臨界実験所）の外観　E.S.モース著「Japan Day by Day」FIG.151より

モースは大森貝塚以外に熊本や東北でも貝塚を発見しています。その研究は日本の考古学者によって引き継がれています。相模湾の生物研究は、その後東京大学の三崎臨海実験所が建てられて引き継がれています。

モースが日本に残したものは多数ありますが、残らなかったものは博物館の建設と進化論の研究です。モースは江の島では漁船を借りてドレッジを行って生物を採集し、漁師の小屋を借りて実験室を作り標本の研究を行いました（図3・4）。これは臨海実験所の草分けで、後に油壺の臨海実験所になっていきます。モースの研究は日本の海洋生物の研究者や昭和天皇、さらに今上天皇にも引き継がれています。

江の島の地形

江の島には二段の顕著な段丘があります。低い段丘は現在の海岸から一〜二メートルの所に形成されています。これは一九二三（大正一二）年の関東地震の折に隆起したもので、島の周囲を取り巻いています。現在の商店街から抜けた周回道路はかつての海食台を使っています。もう一つが頂上の平坦面で、江島神社がそこに建てられています。同じような平坦面は、相模湾の西部にある初島にも見られます。

明治の初めにモースが使っていた漁師小屋は彼のスケッチなどによれば海岸に面していました。現在でも臨海実験所の位置に関しては議論があります。何人かの研究者がモースのスケッチなどから候補地を推定していますが、漁師の小屋がどこにあったのかはまだ特定されていません。この場所を特定するには、関東地震による隆起を考慮しなければ正しい場所は出てきません。現在土産物屋の横の神社の鳥居のそばに建てられている臨海実験所の碑は明治の初めには海の中にあったために、そこではないことは明らかです。

海洋生物の研究に貢献した青木熊吉

青木熊吉は三崎の漁師でしたが、彼の海洋生物の採集能力は抜群で、海洋生物の研究に大いに貢献しました。オトヒメノハナガサやオキナエビス、そのほかに、カイロウドウケツやラブカ、ミツクリザメなどの珍しい生物を採集して研究者に提供しています。ナメクジウオもそうです。カイロウドウケツはガラス海綿の一種で、大きいものでは高さ一メートルにもなる筒状の形態をし、その中にエビのつがいが入っているというものです。ラブカやミツクリザメは古代ザメの一種で、生きた化石と言えるかもしれません。顎の歯が普段は奥にしまわれているのに、いざという時にはそれが全体として前に飛び出てきて餌を捕獲するものです。

私たちは青木熊吉が採集した一〇〇年後にハイパードルフィンを使ってこれらの生物を観察しましたが、熊吉は素潜りでこれらの生物を捕獲していたのです。

昭和天皇

一九〇一年（明治三四）生まれの昭和天皇は、小さい時から生物に興味を持たれていました。生物学の研究を始められたのは一九二五年（大正一四）に赤坂離宮に生物学御研究所が創設された頃でした。一九二八年（昭和三）には皇居内に生物学御研究所が創設されました。葉山の御用邸は生物の研究の拠点としての役割を長いあいだ果たしてきました。昭和天皇はヒドロ虫類をたくさん採集、研究され、多くの書物を書かれています。葉山御用邸でのヒドロ虫類のご研究は六〇年にもおよびます。葉山しおさい博物館には昭和天皇が調査船「三浦丸」や「葉山丸」などで採集される姿や海岸で生物を探される姿が写真に収められています。昭和天皇のご研究においては「相模湾産ヒドロ虫類」を一九八八年に出版されましたが、そのご著書は全部で九冊におよびます。

相模湾周辺の水族館

相模湾が生物の宝庫であるということは二章と本章で見てきました。その生物の宝庫を展示しているものに水族館があります。そのことに少し触れてみたいと思います。

日本には水族館というものがたくさんあります。かつて上野動物園に魚覗きというものがあって、これが日本で最初の水族館という人もいます。相模湾を取り巻く海には水族館がいくつかあります。それらは歴史や展示の方法などそれぞれ独特のものがあります。まず古い順番から行くと油壺にある東京大学三崎臨海実験所です。これはモースのところで話しましたが、日本の海洋生物の研究が始まった頃にできたもので、最初は江の島に私設の実験所として漁師の家が借り上げられていました。そして三浦半島先端の城ヶ島に東京大学の臨海実験所が建てられましたが、やがて手狭なために油壺に移されて現在に至っています。その折に大学の教育施設として作られました。私も学生の折に油壺の臨海実験所の宿泊施設に泊まったことが何度かあります。私の場合は地質調査のためでしたが、生物の研究には素晴らしい施設です。

京急油壺マリンパーク

一九六八年に京浜急行電鉄が油壺マリンパークを建設しました。場所は油壺湾に面した段丘の上です。当時、東京大学教授で魚博士と呼ばれた末廣恭雄さんが提唱した魚の生態やショーを見せる新しい水族館で、「サーカス水族館」と呼ばれていました。歴史は古く伝統があります。相模湾を回遊する魚の大回遊槽があり、たくさんの魚が遊泳しています。回遊槽の下には魚がおみくじを取りに行ったりする、サーカス水族館のもとになった催しもあります。バックヤードツアーやマグロラーメンも人気です。

葉山しおさい博物館

葉山しおさい博物館は水族館ではありませんが、相模湾に棲息する独特の生物が展示されています。ここにはまずビーチコーミング[Beach Combing]（砂浜をくし［comb］でとかすようにして漂流物を探すこと）で得られた漂着物が展示され、遠く中国大陸や朝鮮半島などから流れ着いたさまざまなものがあります。柳田國男の海上の道に相当するもので、海洋の流れを知るには格好の材料です。またラブカやミツクリザメ、オキナエビス、カイロウドウケツなど、明治のころに外国人によって世界に紹介された生物の試料が展示されています。相模湾に棲息する珍しい生物がほとんど展示されています。

新江ノ島水族館

新江ノ島水族館（二〇〇四年開館）は、もとは江の島水族館（一九五四年開館）で、モナコ海洋博物館の水族館を基調にしたサンゴ礁の水族館でした。相模の海を切りとってきたような相模湾ゾーンのほか、最近は深海生物やクラゲの展示を強みにしています。シロウリガイやチューブワームなどの入った化学合成生物群集の水槽や、JAMSTECが開発した現場圧力を保存したまま魚を飼育する装置、相模湾に三一八回も潜航した有人潜水船「しんかい２０００」などを展示しています。「しんかい２０００」は今では動かすことはできませんが、現役で活動していたころのままの外観や、内装を保存しています。

館長の堀由紀子さんの父親は映画会社の社長でしたが、ある時江の島へ来て富士山の美しい姿が見える場所なのに休める場所が無いことを嘆いて、ここに水族館を作ったのが始まりだといわれています。そして、この館の分館ともいえるものが相模川の淡水水族館「相模川ふれあい科学館アクアリウムさがみはら」です。ここには希少種のタナゴやサンショウウオの展示や相模川の水源から河口までの全長を表現する巨大水槽があります。川魚の生態などに関してよく研究されています。

葛西臨海水族園

ここは「海と人間との交流の場」となることを目指し、一九八九年に建てられた東京都の水族館です。クロマグロやカツオの回遊する姿をドーナツ型の水槽で見せることが強みです。ミツクリザメの展示を行ったり、モンテレー湾にふんだんにあるジャイアントケルプも育てています。この館のコンセプトは東京の海と世界の海です。東京の海というのは、南は小笠原までつながるので広い範囲の生物がターゲットです。

横浜・八景島シーパラダイス

京浜急行金沢八景駅から金沢シーサイドラインで四つ目の八景島駅に横浜・八景島シーパラダイス（一九九三年開園）があります。ここは魚類のほかクジラ類やラッコなどの海獣を飼育しています。またペンギンが多数飼われています。

しながわ水族館

京浜急行大森海岸駅の近くにあるしながわ水族館（一九九一年開館）は、主に東京湾の生物に重点を置いています。東京湾に注ぐ川や干潟と荒磯などの、環境の違いによる生物の展示が特徴的です。これは神奈川県の水族館が相模湾という深海を対象にしているのと比べて大変興味があります。長さ二〇メートルのトンネル水槽の中を悠々と泳ぐ魚を見あげることができます。

ヨコハマおもしろ水族館

ここは二〇〇四年にお笑いの吉本興業が作った水族館で、何と横浜中華街の中にあります。全体が小学校のような作りになっていて、大きな水槽はなく小さな水槽がたくさんあって、魚の不思議さや、生き物のすばらしさを体験できる水族館です。

最近の水族館

最近の水族館はその浄化能力が進歩し、陸上の海岸から遠いところにも建てられています。浄化装置と人工海水が優れているため、ほとんど水を入れ替えるということなしで、何年も運営ができるようになってきています、京都駅のすぐ近くにある「京都水族館」や、スカイツリーの下にある「すみだ水族館」などがそうです。そうすると山の中にも水族館を建てることが可能になり、後ほど述べるバイオジオパークというものを考えるときに、重要な貢献を果たすことになるでしょう。

日本の水族館は、かつてはモナコの水族館を手本にして作られていました。一九九〇年代には米国西海岸の「モンテレー湾水族館」が手本にされ、多くの水族館が真似をしてきました。一九九三年にモンテレー湾水族館で行われたクラゲの特別展は圧巻でした。私はこの展示をブルース・ロビソン博士の招待で三回も見ました。

二〇〇〇年以降、日本独自の水族館が作られてきました。現在では浄化装置の問題も解決したために山の中でも水族館が作れるし、技術やアイディアが向上して、これからは素晴らしい水族館ができて来るのではないかと期待しています。

日本の水族館はそれぞれ地域の特性を生かしたものや、その地域に独特の生物を見せたりしていますが、海洋生物全体を網羅したようなものは全くありません。淡水性の生物の水族館で海洋生物の質問が出ても困ってしまいます。博物館も実は同じです。日本列島がどのようにしてできたのでしょうか、などといった質問が出た場合には大変困ってしまいます。海洋生物学の全体を見渡せるような水族館がほしいものです。

第四章

相模湾に流れているものや味付けしているもの

ソフトコーラル　JAMSTEC 提供

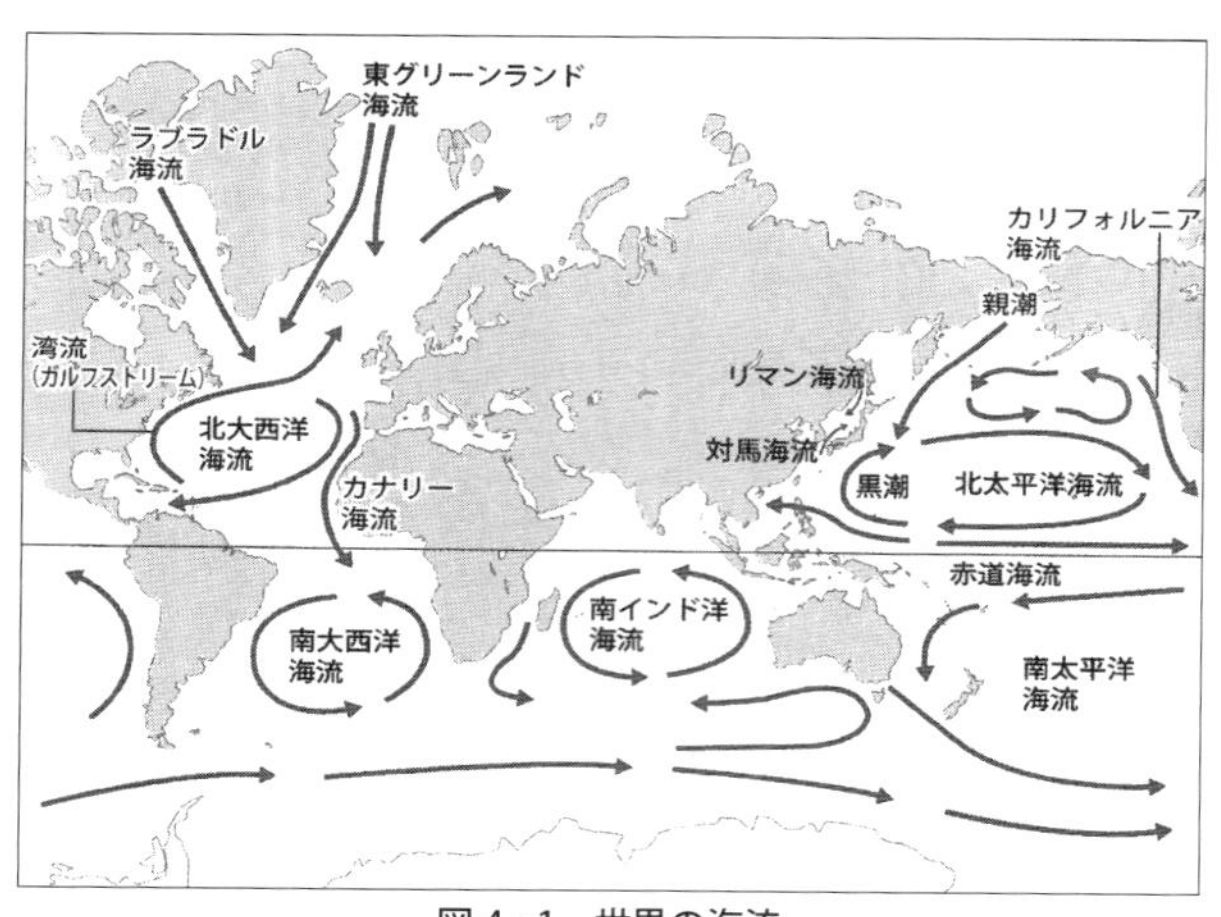

図4・1　世界の海流
(株)誠文堂新光社『海がわかる57のはなし』より

相模湾の中にはいろいろな水が入り込んでいます。その水によってさまざまな生物が棲息しています。それらには暖流、寒流、それらが混ざった混合水塊、河川からもたらされる淡水、地下水、地下から湧出するガスに富んだ水、さらに、水以外にも砂や泥も水に混ざって入り込んでいます。

相模湾の中の水の循環を考える前に、地球の海水について考えてみたいと思います。海水の流れ、海流の平面分布は地球の自転や温度分布に規制されます。いわゆる暖流や寒流です。日本近海では、太平洋側の暖流である黒潮（日本海流）や、黒潮から枝分かれして日本海に入り込む対馬海流、太平洋側の寒流である親潮（千島海流）や日本海のリマン海流が流れています。米国ではメキシコ湾流が巨大な暖流であることは古くから知られています（図4・1）。

一方、海水の鉛直分布は熱と塩分によって大きく規制されて循環しています。「ブロッカーの熱塩循環（ねつえんじゅんかん）」と呼ばれ、地球を一周するのにおよそ二〇〇〇年かかると言われています。北西大西洋のグリーンランド付近はきわめて寒冷なために、周辺の海水は冷やされて重たくなります。また海水ができると、氷は淡水であるため残った部分の塩分が濃くなって重たくなります。そうして冷たく、重たくなった海水は、それより軽い大西洋の水塊の底まで降りていって、大西洋の海底を這うように南へ南極へと向かって流れていきます。底層水とか深層水といっています。南極大陸の周辺でも特にウェッデル海では北西大西洋と同様なことが起こり、ここでは重たい水が南極の周りをぐるぐるとまわります。南極還流です。ここから抜け出た水は太平洋へ移動しますが、少しずつ温度が上がり軽くなって表層の水として海流になります。これが熱塩循環です。（図4・

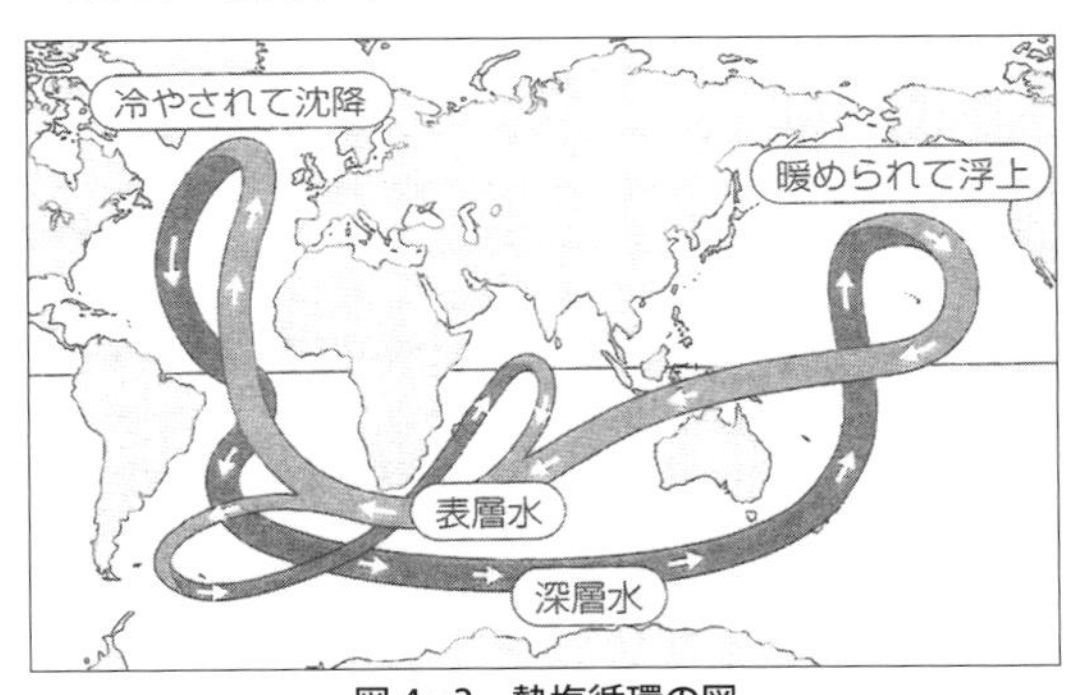

図4・2　熱塩循環の図
講談社ブルーバックス『海はどうしてできたのか』より

2）日本列島でも海溝の周辺などではこのような底層水の影響がありますが、相模湾のような入り組んだ湾ではほとんど影響は無いようです。日本列島周辺の海水は北西大西洋から始まった水がここまで来るのに時間がかかるために年代が古いのです。

相模湾の中には海水以外にもいろいろなものが出入りしています。そのうちの水について考えてみたいと思います。それらは南から流れてくる暖流である黒潮、北から流れてくる寒流である親潮、それらが混ざった混合水塊、東京湾に流れ込む隅田川や荒川、多摩川などの淡水が東京湾を経由して相模湾へ流れ込みます。さらに相模湾に直接流入する早川、酒匂川、相模川などがあります。ところが相模湾に入り込む水はこれだけではないのです。地下深部から湧き出してくる水や、陸上の地層に浸み込んだ地下水などもあります。これらの異なった水はよく混ざってプランクトンの発生を促します。水深の浅いところの面積は少ないですがそこは良い漁場になっています。相模湾の沿岸の大陸棚や沖ノ山堆列などはよい漁場でしょう。

相模湾は日本列島の沖縄から北海道まで全長約二五〇〇キロメートルの真中近くにあります。普段は南からの黒潮の流れが湾の中へと入り込んでいます。黒潮は房総半島より北では東の沖へと大きく流路を変えます。北からの寒流である親潮はプランクトンなどを豊富に含んだ水ですが、気候が少し寒くなった場合には相模湾くらいまで下がってきます。これらがほどよく相模湾へと流れ込んでいます。これらの水の流れはプランクトン以外にも思いもよらないものも運んできます。

島崎藤村の詩に「椰子の実」というのがあります。そう、「名も知らぬ遠き島より流れ寄る椰子の実一つ」です。この詩は、藤村の友人であった民俗学者の柳田國男が一高（現東京大学）時代に愛知県の渥美半島へ旅行した折に、海岸に打ち上げられていたヤシの実のことを詩人の島崎藤村に話したところ、藤村が詩にしたと言われています。海流はさまざまなものを運んできます。

ビーチコーミングは海を汚さないようにする市民運動のようなものです。海岸にはさまざまなゴミが打ち上げられています。海が汚れると海に棲む生物が生活できなくなります。昔のゴミは微生物によって分解され土に戻ったのですが、現代のゴミは微生物では分解できないものもあるのでそのまま残ります。

海岸に打ち上げられるものはほかにもあります。中には朝鮮半島や中国大陸から流れ着いた瓶や缶、マネキンの頭や入れ歯などもあります。三・一一の津波で流された日本のサッカーボールがアラスカ西海岸に、オートバイがカナダに流れ着いたという話もあります。海岸に打ち上げられたものからは、それがそこに流れ着いた海流のルートが分かります。

三浦半島の葉山の御用邸の隣にある葉山しおさい博物館には、相模湾に流れ着いたさまざまなものが展示されていました。打ち上げられたものからその起源が分かるのです。火山で噴火した軽石がはるか南、小笠原の南の福徳岡ノ場から流れついたこともあります。難破船から油が漏れたりするとそれが海岸にたどり着いて、鳥や魚たちの生活を脅かしたことは有名です。海岸に打ち上げられたありとあらゆるゴミ類は、海岸に棲む生物にはきわめてありがたくないものです。しかし、これらの漂着物は、とりもなおさず海洋の流れ、海流に関する重要な情報を持っているのです。

写4・1　葉山しおさい博物館の漂着物　著者撮影

葉山しおさい博物館の展示（写4・1）にはヤシの実どころか、入れ歯やマネキンの頭やビール瓶など、さまざまなものがありました。鎌倉の海岸には波打ち際にいろいろなものが打ち上げられています。嵐の次の日にはそれこそさまざまなものが打ち上げられています。きれいに磨かれたガラス瓶とか、珍しいマッコウクジラの腸内の結石である龍涎香（りゅうぜんこう）や、韓国の陶器や磁器の破片など高価なものです。これらを集めて本にした人もいます。鎌倉の材木座は、鎌倉時代には舟で材木を和賀江島（わがえじま）の港まで運んだ場所でした。あるとき材木を運んでいる船が難破して、放り出された材木がそれこそ材木座に流れ着いたことがあったそうです。

私が初めて潜水調査船に乗船したときに感動したことの一つに、深さごとに海の様相が変わることがあげられます。潜水調査船が海水に浸かった時に、のぞき窓から見る波の様子は夏の暑いときには涼しげに感じます。潜航を開始するとあたりは徐々に暗くなっていきます。太陽の光は水の中は通らないからです。

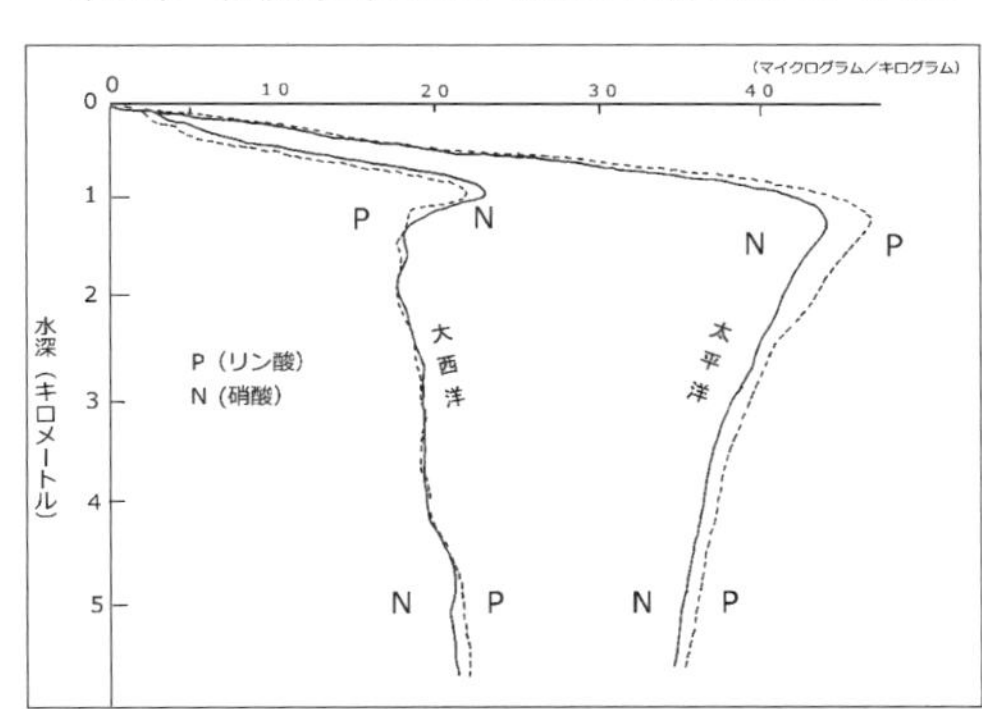

図４・３　海水の鉛直分布図　著者作成

光の強度は少しずつ減衰していき、やがて何も見えなくなります。ちょうど夏の日の夕方から夜になるような感じです。水深二〇〇メートルまで行くとあたりはすっかり暗くなってライトをともさないと何も見えません。深海魚の中にはわずかなフォトン（光の粒子）を手に入れるために大きな目をしているものがいると言います。また赤い色は闇では真っ黒になるので保護色となり全く見えないため、深海には赤い魚が多いと言います。

相模湾の深さは、深いところでは二〇〇〇メートルを越えますが、その水の鉛直分布（図４・３）はどうなっているのでしょうか。まず海水は表層では温かいのですが、水深が大きくなるにつれて温度は下がっていきます。ある一まとまりの水を水塊と言いますが、水塊の境界では塩分や温度が変化します。そのような層を温度躍層（おんどやくそう）とか密度躍層と言っていますが、いろいろな深さでそのような躍層が出てきます。潜水船はこの躍層を通過するごとに少し揺れます。そのために静穏な海域では温度躍層を通ったことが分かります。

海水は温度だけでなくて塩分も変化します。巨大な河川が海に入っている場所では河川水が塩分を薄めます。淡水は軽いので海水の上に乗っかって沖合へと流れます。ある程度沖合に出れば水は混ざってしまって潮目はできなくなります。相模湾の場合は酒匂川や相模川の河口近くでは塩分は減少します。また大雨が海に降った場合にも、海水は表層では塩分がやや少なくなります。熱帯雨林域の海がそうです。

相模湾の表層や底層を流れる水

海水の流れはどうでしょうか。風によって引き起こされる波は海水には粘性があるのでそれほど深くまでは届きません。海面からおよそ二五メートルも潜ればほとんど何の影響もありません。船酔いをする人でも水深二五メートルを越えると生き生きとして元気になります。ところがある程度水深が大きくなると流れができるのです。中規模渦（ちゅうきぼうず）という水深一〇〇〇メートルくらいの深さでできる渦巻き状の流れがあります。また、湧昇流（ゆうしょうりゅう）という流れもあります。これは黒潮のような強い流れが上を通過するとその部分が一瞬真空のような状態になるためそこを補うように深い場所から水が表層へ湧き上がるように流れ上がる現象です。深層水と呼ばれる栄養に富んだ水はこのようにして表層へと上がってきます。

日本列島の周辺の海水の水深三〇〇メートルほどの深層には、表層に比べて多くの元素が豊富な深層水があります。表層の海水は多くのプランクトンが栄養になるリンや窒素などの成分を食べつくしてしまうので、きわめて貧栄養な状況です。ところが深さが増すと光合成するプランクトンがいなくなるので、これらの元素が海水中に残っていて表層の海水に比べるときわめて栄養に富んでいるのです。これらの水を汲み上げて表層の水と混ぜた深層水が売られていたのです。最初、高知県の室戸岬や富山県の富山湾などで始められました。当然ですが、深層水は深さが三〇〇メートル以上あるような場所でなければなりません。そのため一〇〇メートルより浅い湾ではできなくて、三大深海湾のみができる話です。駿河湾の焼津の深層水、相模湾の油壺や富山湾です。相模湾でもひところ深層水がはやって、油壺では深層水をくみ上げて露天風呂に利用しています。また深層水そのものや深層水で作ったうどんやそばを売っています。

海水中に溶け込んだ溶存酸素の量もまた深さによって異なります。水深六〇〇〜一〇〇〇メートル位の海水中には酸素が乏しいので、酸素極小層（さんそきょくしょうそう）と呼ばれています。これは表層から降ってくる有機物を細菌が分解するときに酸素を使うことで、その場所の酸素が乏しくなるために起こります。上から降ってくるマリンスノーの量や細菌がどのくらいいて、どのくらい分解に使うかなどによって決まります。溶存酸素量は深海ではまた様相が変わります。「ブロッカーの熱塩循環」で見たように、冷たく重たい水には酸素が豊富なので深海底では酸素が十分に溶けています。深海底の赤粘土は泥の中に含まれる鉄が酸化するために赤くなったものです。

深海底に降り立ってしまうと、もはや流れなどないだろうと思うかもしれませんが、あるのです。潜水中にはめったに感じませんが、深海底の堆積物の表面には強い流れが発生したときにできるリップルマーク（漣痕）（写4・2）が見られます。また陸上から乱泥流堆積物が運ばれたりしたときには、その流れは海底面に沿って流れます。このように深海にも流れはあるのです。日本のはるか南にあるパラオ海溝では水深八〇〇〇メートルを越える海底にリップルマークが確認されています。

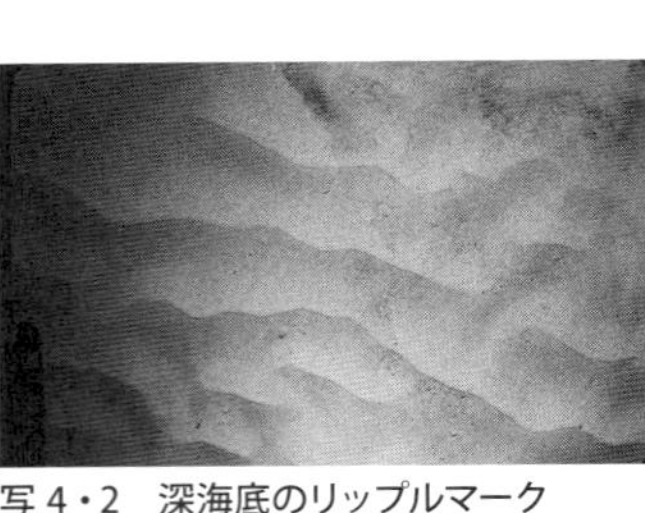

写4・2　深海底のリップルマーク
著者撮影

相模湾に入り込む水

相模湾の表層や底層を流れる水がどのように振る舞うかに関しては、あまり多くの研究は無いようです。表層はさまざまな漂着物などから複雑な流れが考えられていますが、沖合や沿岸では大きな違いがあるようです。江の島の沖で一九一〇年（明治四三）一月二三日、逗子開成中学校の生徒ら一二人を乗せたボートが転覆して全員死亡したことを悼む唄「真白き富士の根」は、複雑な流れと陸から吹き下ろした風の影響を唄っています。相模湾の中では、一般的には反時計周りの卓越した流れがあるようです。

一方、海底を流れる流れに関してはほとんど観測がなされていません。東京大学海洋研究所（現東京大学大気海洋研究所）が行った観測では、やはり反時計周りの流れがあるようです。しかし、表層も底層も流れの実態を知るためには、さまざまな場所での定点観測や鉛直方向の流れ、さらにそこに定点を置いた観測が必要で、これからの大きな課題であると思われます。相模湾の中に入り込んでくる水はこれだけではありません。河川以外にも陸上の地層の中に入り込んだ雨水などが、地下水となって海の中に入り込むこともあります。

相模湾の底には海底谷がたくさんあることはすでに見てきました。この谷は陸上の河川につながるものもあります。酒匂川のように大雨が降って大量の土砂が流れた場合には、土砂はそのまま海に入りますが、海底谷を一気に下ってさらに深いところへと移動します。それは、速い場合には時速一〇〇キロメートルにもなり、海底ケーブルを切断します。このような土砂は最終的には一番深い場所、「海溝三重会合点」と呼ばれる房総沖の水深九二〇〇メートルの坂東深海盆へと到達します。海底を流れる土石流や乱泥流堆積物も、速度がゼロになると砂や泥を堆積します。砂はその粒度によって粗いものが下へと溜まりますが、細かい泥はいつまでも海水に浮遊します。海底の表面には細かい泥や腐泥がいつまでもふわふわと浮いているような状況になります。このようなものをネフロイド層と言いますが、この層を境にして海洋の水と下の泥では環境が大きく変わります。

泥は一旦海溝の底に堆積しますが、これが地下深くに埋没すると、温度や圧力が増して中に含まれる有機物がメタンや硫化水素などに変化して、堆積物の隙間、断層を通して海底へと出てくることもあります。そのようなガスを含んだ水は、化学合成生物群集を養っています。火山の下にあるマグマの中には水やガスの成分を含むものもあります。これらのガスは、やはり地表である海底へと出てきます。このようにして地下からの水も相模湾の中へと湧出してきて、全体の水と混ざっているのです。

相模湾の中にある水は、表層の海流によって運ばれるものや底層を運ばれるもの、陸上から河川や地下水として運ばれるもの、さらに地下深部からもたらされるものなどさまざまです。これらの混合した水こそが生物を養う源なのです。

第五章

相模湾八景

タコ　JAMSTEC 提供

私たちの住む惑星地球は、美しい自然に恵まれています。とりわけ南北に二五〇〇キロメートルも伸びた日本列島では、さまざまな場所で四季折々の美しい自然の変化を満喫することができます。ユネスコで世界遺産が設定されてから三〇年以上がたちました。地球上で次世代に残したい自然遺産は山ほどあります。しかし、世界遺産が増える一方で自然が破壊され、絶滅種が増えているのは悲しいことです。自然破壊や生物の絶滅が人間活動の結果なのか自然現象によるのかについては議論がありますが、われわれの日常生活が環境の汚染によって脅かされていることは明らかです。このような兆候は、深海底でもすでに三〇年も前に潜水調査船で視認され、警鐘が鳴らされていたのです。

私たちはある地域の自然景観に対して、よく「〇〇八景」という名前を付けています。これは一種の地域おこしともいうべきものですが、その地域に独特の素晴らしい自然を世に宣伝するために設けられたもので、古くは鎌倉時代からあるようです。日本で最も早く名付けられ有名なものに、琵琶湖周辺の「近江八景」があります。しかし、八景のそもそもの事始めは中国にありました。

「瀟湘八景(しょうしょうはっけい)」は中国の宋の時代、玄宗皇帝のころに湖南省(フーナン)、洞庭湖(トンチン)の南に位置する景勝地を、宋迪(そうてき)が山水画として描いたものが始まりです。それらは平沙落雁(へいさらくがん)、遠浦帰帆(えんぽきはん)、山市晴嵐(さんしせいらん)、江天(こうてん)

図5・1　『瀟湘臥遊図巻』部分　瀟湘臥遊図＿本紙6　李氏
東京国立博物館　Image:TMN Image Archives

暮雪、洞庭秋月、瀟湘夜雨、煙寺晩鐘、漁村夕照の八景で、地名や季節、風景が盛り込まれています。地図で見ると、ここには瀟水と湘水という二つの河川があって、湘水は洞庭湖に注ぎ込んでいます。神奈川県の湘南という地名は、この湘水の南にちなんでいます。横浜市金沢区にある金沢八景は、京浜急行の駅の名前にまでなっており、平潟の落雁、乙舳の帰帆、洲崎の晴嵐、内川の暮雪、瀬戸の秋月、小泉の夜雨、称名の晩鐘、野島の夕照があります。しかし、現在ではこれらの景勝地はもはや見る影もないのが現実です。日本全国には近江八景、八王子八景など、数えれば切りがないほど八景が存在します。

ここで少し、瀟湘八景について見ていきたいと思います。ここに載せたのは、東京国立博物館からお借りした『瀟湘臥遊図巻』の一部です（図5・1）。瀟湘の一部である煙雨の絵と、乾隆御識の珍しい六言の漢詩が書かれています。漢詩の内容は、この絵を描いた李氏についてです。この絵が本物と区別できないほどよくできた素晴らしいものであること、巻物を広げると「まさに居ながらその地に遊ぶ」と言ってもまだ言い足りないくらいである、といった意味です。瀟湘八景の水墨画は、何となく深海底の景観と似ているではありませんか。そして、それらの描写が優れていれば、まさに居ながらにして深海へ行ったような気になるのではないでしょうか。そうしてみると、「〇〇八景」は何も陸上の景勝にのみ用いるものではなく、深海底の景観に適用してもよいのではないでしょうか。

世界の潜水調査船や無人探査機が深海底の姿を明らかにしてからすでに半世紀以上が経っています。私がかつて所属していたJAMSTECは一九八一年から潜水調査船を用いた深海底の探査を始め、その運用は二〇一五年で三四年目になりました。この間、有人潜水調査船「しんかい2000」が一四一一回、「しんかい6500」が一四二二回潜航しています（二〇一五年四月一八日現在）。潜水調査船による潜航では、一回一回のすべてが重要で、得難い成果がもたらされています。

これから紹介するのは、名付けて「相模湾八景」です。相模湾八景は、私がいろいろ見聞きしたものをもとに、優れた風景を八つ選び、それらにさまざまな解説を付けたものです。それらは単に風光明媚であるという理由ではなく、地球科学や生物科学的な観点から選びました。

相模湾八景　その一　初島生物群集

相模湾に潜航した人たちは例外なく、「相模湾八景」の第一番に「初島生物群集」をあげています。相模湾八景のその一は、やはり初島生物群集でしょう。初島生物群集は偶然に見つかったのではなく、発見の兆候はあったのです。相模湾沿岸の漁師の網に貝の死骸がかかることを、神奈川県水産試験場（現神奈川県水産技術センター）の人々は以前から知っていました。

それは、一九八四年六月五日のことでした。神奈川県水産試験場の江川公明さんと杉浦暁裕さんが、有人潜水調査船「しんかい２０００」で初島近辺の調査を行いました。初島生物群集を初めて発見することになる江川さんは、相模湾初島南東沖に潜りました。彼らの潜航の本来の課題は、相模湾漁場におけるキンメダイやムツなど底魚（そこうお）の生態把握のために、海底を目視観察することでした。多くの科学的発見がそうであるように、本来の研究課題ではないところから大きな発見がなされたのです。「しんかい２０００」による観察は水深一一三四メートルから行われ、その近辺でシロウリガイの群集が発見されました。シロウリガイ群集は「島のような大きな集まり」を形成しており、天敵であるエゾイバラガニも見られました。この潜航の報告は淡々としたもので、ほとんど何の反響もありませんでした。しかし、この発見は、当時としては世界的に見ても優れたものだったはずなのです。大きな反響がなかったのは、発見者たちの専門が魚類であったこと、シロウリガイがプレート境界に特異な生物群集であることがそのころまだ十分に認識されていなかったこと、相模湾がプレート境界であるという説がまだ定着していなかったこと、などのためです。その後も約二年間放置されていて、米国の「アルビン」による潜航や「日仏海溝（KAIKO）計画」で南海トラフからシロウリガイの発見によって、ようやく初島生物群集が重要であることが分かり、多くの人たちが競って潜航し始めた、というのが実情のようです。

杉浦さんと江川さんによって『「しんかい2000」研究シンポジウム特集号』（一九八五年）に記載されたものは、初島南東沖の水深一一三四～九九メートル(注)※の斜面に沿っての観察の報告でした。シロウリガイ群集の発見のみならず、水深一一八メートルに出てくるカキの密集する層も重要な発見でした。彼らの潜航は生物の垂直分布の違いという点でも意味があったのですが、その後、誰もその論文を発掘しませんでした。論文の題名がよくなかったようです。同じ一九八四年には、米国オレゴン沖においてシロウリガイを主とする奇妙な生物群集が世界で初めて発見され、論文が出されました。一九八五年には、「日仏海溝計画」によってシロウリガイを主とする生物群集が、南海トラフの天竜海底谷の出口、日本海溝の第一鹿島海山付近（筆者が発見）や八戸沖で相次いで発見されました。シロウリガイが深海底の主役の座を占めたのです。初島の生物群集は、実は世界的な大発見であったのです。

一九八四年、江川さんの潜航では、初島の斜面に沿った深さによって出現する生物が違うことに触れています。水深一一〇〇～八〇〇メートルでは、有機物に富む黒っぽい泥が堆積していて、シロウリガイが見つかっています。一〇～一〇〇個体の群れをなす環形動物はチューブワームでしょうか。水深八〇〇～七〇〇メートルではシロウリガイやツブエゾイバラガニは見られなくなりました。水深六〇〇～五〇〇メートルでは斜面の傾斜は緩く、ウニが多くナマコも見られました。水深三〇〇～一〇〇メートルではなだらかな斜面が砂で覆われていて、アカザエビが見られました。水深二三〇メートル付近ではタカアシガニが多数見られています。水深一一八メートル付近では岩が天然礁となり、その表面にはカキがびっしり付着していました。またイソギンチャク、ウミユリなども付いていました。——江川さんの記載は、海底生物の垂直分布の違いをたいへん鮮明に表現しています。カキは多くのものが汽水性であるため、水深一一八メートルが重要です。ここでは最終氷期の約一万八〇〇〇年前には海面が約一二〇メートルも下がったといわれていますが、当時の海岸付近に棲息していた可能性があります。

初島生物群集は、最初の発見から三〇年以上がたちました。その間、一九九三年には深海底総合観測ステーションが初島沖に設置され、以降二〇年以上にわたって、現在も観察が続けられています。初島生物群集は広大な海底牧場のようです。赤いエゾイバラガニ（写5・1）がシロウリガイ食べ放題の牧場にいるような様子は、とても印象的です。初島生物群集の位置は、初島の南東斜面がその傾きを変える場所、傾斜変換点にあたります。その分布は、初島沖から

写5・1　エゾイバラガニ
JAMSTEC 提供

南北に島状に点在しています。日本列島では最大規模の生物群集の一つでしょう。ここには南北に大きな断層が走っています。またこの場所は、伊豆大島と箱根を結ぶ伊豆・小笠原弧の火山フロントの近くにあります。断層と火山フロントは、ちょうど初島生物群集が分布する場所で交差しています。そのため初島沖の海底には暖かい水が湧出（ゆうしゅつ）しているので、厳密には冷湧水生物群集ではありません。実際、海底の地殻熱流量の測定では、地温のきわめて高いところと低いところが観測されており、地下で水が循環している可能性があります。初島生物群集の映像を見ていると、まったく何の変化も無いように見えます。しかし、数年間にわたって観察していると、いろいろな変化が見られます。まず、シロウリガイはあちこち動き回っているようです。シロウリガイは二枚貝ですから「足」があります。貝の歩いた跡が堆積物の上に幾条（いくじょう）もの筋になって残っており、実に忙しそうです。彼らは海水の温度に変化があると、一斉に放精・放卵するようです。また、地下の温度変化などに関係して全体が別の場所へ移動することも分かりました。一番印象的なのは、地震で斜面崩壊が起こり土石流が発生したときに、貝は砂に潜りカニは逃げて難をのがれていく様子が観察されたことです。

シロウリガイの発見は、地球科学や生命科学に対してどのようなインパクトを与えたのでしょうか。筆者は一九八九年に、日本列島周辺の化学合成生物群集の論文を書いています。その内容は、化学合成生物群集がなぜそこにいるのかという問題でした。プレートが沈み込む境界である日本海溝や南海トラフにおいて、沈み込まれる側のプレートでは極端な圧縮が起こり、地下に持ち込まれた堆積物中に含まれる水や有機物は分解してメタンなどのガスになり、海底下の地層の境界や断層に沿って海底に昇ってきます。しかし、ガスや水などは直接海底に出ると拡散してしまうので、それを覆う堆積物の存在が、化学合成生物群集を養うのに必要です。初島沖や日本海溝には、沈み込む境界、断層、急崖、堆積物の被覆という条件がそろっているため、化学合成生物群集が成立します。このような考えは今では多くの人たちに受け容れられています。化学合成生物群集は、硫化水素やメタンなど人間にとって毒になるものを摂取しているため、残念ながら私たちの食用にはなりません。しかし、沈み込み帯の地下深部からの断層や流れる水を利用している点では、地震や火山噴火の予知に利用できるのではないかという人もいます。なぜなら、初島生物群集の分布する場所は、南北に連なった西相模湾断裂という断層上にあるからです。さらに、伊豆・小笠原弧の火山フロントの上にいるために、暖かい水が湧き上がってきてもいいからです。

わだつみの　深海（みうみ）に宿る　白瓜（シロウリ）の　貝が姿見　露な忘れそ　閑山

（注）潜水船は水深の深いところから浅いところへ潜るので、※以下は水深の表示が通常とは異なります。

相模湾八景　その二　海底地滑り

「相模湾八景」のその二として、「天変地異」の化石を紹介します。相模湾の真中にプレート境界が通っていることは、すでに述べています。これから紹介する東京海底谷は北米プレートに属します。プレートの境界では、二つまたは三つのプレートがせめぎ合うために大きな力が働きます。この力を「応力（おうりょく）」と呼んでいます。日本列島のようにプレートが沈み込む境界では、プレート同士が押し合うため圧縮の応力が卓越します。そして、圧縮応力が周辺の岩石の強度を上回った場合には、周辺の地殻やマントルが破壊されて地震が起こります。日本列島では、しばしばマグニチュード（M）八に達する地震が発生しています。海溝近くで起こる海溝型の巨大地震は、太平洋プレートかフィリピン海プレートが、その犯人です。関東近辺では、関東地震や小田原地震がそれにあたります。東京では一九二三年（大正一二）九月一日に「関東地震」（M七・九）が、一八五五年一一月一一日には「安政の江戸地震」（M六・九）が発生しています。一七〇三年一二月三一日には「元禄の江戸地震」（M八・二）が起こり、その後一七〇七年一〇月二八日にはそれまで日本で最大の「宝永地震」（M八・四または八・六）が起こっています。富士山の貞観噴火（八六四年）以来の巨大噴火である宝永噴火は、皮肉なことに宝永地震の四九日後の一二月一六日に起きました。そして一七八三年には、浅間山の天明の噴火がありました。一八世紀の江戸は世紀末の様相を呈していました。宝永地震の震源は南海トラフですが、関東地震や元禄の江戸地震の震源は相模湾の中です。相模湾は、地震の現場に最も近いところであったのです。

東京湾の水深は一〇〇メートルより浅く、その真中には谷があります。このことは予想されていて、音波探査によって初めて分かりました。現在では、船舶の往来が多すぎて東京湾を横切って探査を行うことができませんが、いまから約二万年前の旧石器時代の地球は最終氷期を迎え、海面は今より一二〇メートルも下がっていたために東京湾は存在せず、旧石器人はそこを歩いていけたのです。東京湾の真中にある谷は、旧利根川や旧隅田川などを集めた大きな古東京川で、相模湾へ注いでいます。相模湾に入ると水深は急激に深くなり、東京海底谷となって、やがて相模トラフへと合流します。

一九九三年、米国モンテレー湾水族館研究所（MBARI）の地質学者ゲイリー・グリーンと生物学者ブルース・ロビソンが日本にやって来て、相模湾で潜航調査を行いました。それはJAMSTECとMBARIの共同研究の一環でした。そして、東京海底谷の出口で、地滑り跡を見つけたのです。実はモンテレー湾と相模湾（もっといえば富山湾）は、よく似た地球科学的な背景を持っています。モンテレー湾の中には、米国でも第一級の断層であるサン・アンドレアス断層から派生した断層が通っています。湾の周辺を構成する地層はモンテレー層という、日本海側に出てくる一二〇〇万年前の女川（おながわ）層とよく似た珪藻化石を含む泥岩からなります。ゲイリーは相模海丘（「しんかい2000」第五八二潜航）に、ブルースは三崎海丘（同第五八三潜航）に潜りました。ブルースの専門は中層生物で、モンテレー湾に泳ぐクラゲなどの生物の映像を無人探査機（ROV）「ベンタナ」を駆使してとらえています。ブルースはとりわけROVの操作が上手で、自らそれを行っています。ゲイリーは地質学者ですが、地滑りなどの専門家ではありません。やはり専門でない人が面白いものを見つけるようです。

彼らは一九九七年に潜航の結果を『JAMSTEC 深海研究』に英文で書いており、潜航で発見した露頭を地滑り堆積物として認識しています。ゲイリーの潜航は、相模海丘の麓の東京海底谷から山を登る北西方向へ行われています。この潜航の映像を見ると、谷の底では生物の大群集が見られました。斜面を登り始めると、ぼろぼろになった泥岩が至る所に散らばっていました。やがて、急な斜面とやや平坦な面との繰り返しが始まります。不思議なことに、写真に対応する露頭の映像が無いのです。写真が撮られたときは露頭の前でプッシュコアによるサンプリング中で、映像はその作業を追っています。ゲイリー自身はこの露頭を見ているのですが、パイロットたちは気が付いていない様子で、サンプリング後すぐに航走しています。写真で見る限り、露頭は高さ二メートル、幅三メートルほどの巨大な地滑り堆積物からなります（写5・2）。これは、三浦半島の三浦市海外町（かいとちょう）に見られる天然記念物の海底地滑りの露頭と時代は違いますが、よく似ています。海底でこのような露頭が目視されるのは、それがきわめて新しいことを示しています。陸に近い場所では年々土砂が運ばれて、あっという間に埋もれてしまうし、このような地層はもろくてすぐに崩れてしまうからです。

写5・2　海底地滑り　JAMSTEC 提供

堆積物の中に木片や炭素を含む化石などがあれば、その同位体を用いて詳しい年代を決めることができる場合があります。しかし、若い年代を決定することはきわめて難しいのです。堆積物中に人間の活動を表す古文書のようなものが入っていれば一番いいのですが。初島沖に設置されている深海底総合観測ステーションでは、地震で発生した海底土石流が目撃されています。このような記録があれば最高です。

　地滑り堆積物発見の地球科学的な価値は、その上流で大きな地震などの自然現象が起きたことを示している点にあります。北海道南西沖地震の際には、海底の至る所で地滑りや斜面の崩壊などが見られました。日本海溝の陸側や海側の斜面でも、変形した岩石や斜面崩壊が至る所で見つかっています。相模湾でこのような土石流が見つかったことは、取りも直さず関東地震に関係したものであるといってよいでしょう。相模湾は東京に近く、地震や火山の研究に適した場所であるのです。このような研究がさらに進むことを期待して、写真をじっくりと眺めてみましょう。

さねさしの　相模の陸（くが）が　ないふれば　相模の深海（みうみ）　土石積もらん　閑山

相模湾八景　その三　熱川沖の長大溶岩流

「相模湾八景」のその三として、伊豆半島・熱川（あたがわ）の東沖で見つかった、とてつもなく長い距離を流れた溶岩「長大溶岩流」を紹介します。

相模湾の中にプレートの境界や火山フロントが存在することは、すでに述べてきました。日本列島のような島弧の火山は火山フロントに沿って多く見られます。東北日本では恐山や十和田火山、関東では男体山などがそうです。東北新幹線に乗って青森を目指す時、進行方向左側の窓際に座れば宇都宮の少し手前あたりから左手に次々と火山が見られます。東北日本の火山フロントです。

伊豆・小笠原弧は、北は八ヶ岳から南は南硫黄島まで全長一二〇〇キロメートルにわたって連なる島弧です。北には箱根、南には伊豆大島などの火山があることから、相模湾の中では現在もまた過去にも火山活動があったに違いない、と誰しもが思うところです。相模湾の初島にも玄武岩の露頭が存在しており、ここでも過去に火山活動があったことが分かります。火山活動には、一九八六年に起きた伊豆大島三原山の噴火のように、じわじわ流れる玄武岩質マグマの比較的静穏な噴火から、十和田カルデラをつくったような流紋岩質マグマの爆発的な噴火まで、いろいろあります。

一九八四年、JAMSTEC の曳航体（えいこう）によって、地震の跡の海底調査が行われました。その折、サイドスキャンソナーによって、伊豆半島熱川の東の沖に火山岩らしい反射の強い地形が見つかっていました。サイドスキャンソナーとは、曳航体から横方向に音を出して海底の起伏や反射の強弱を見るもので、海底の微細地形や底質の解析に有用です。もちろんカメラを搭載していれば、海底の観察や物探しをすることができます。

一九八五年、「しんかい２０００」による第一七三、一七四潜航で、サイドスキャンソナーによって見つかった強い反射の場所を調査していた JAMSTEC の田中武男さんは、何とも長い溶岩流を発見しました。これは「熱川沖の長大溶岩流」（写５・３）として知られています。この溶岩流は、部分的には枕状溶岩になっていました。そして海底のリッジ状の高まりを形成して

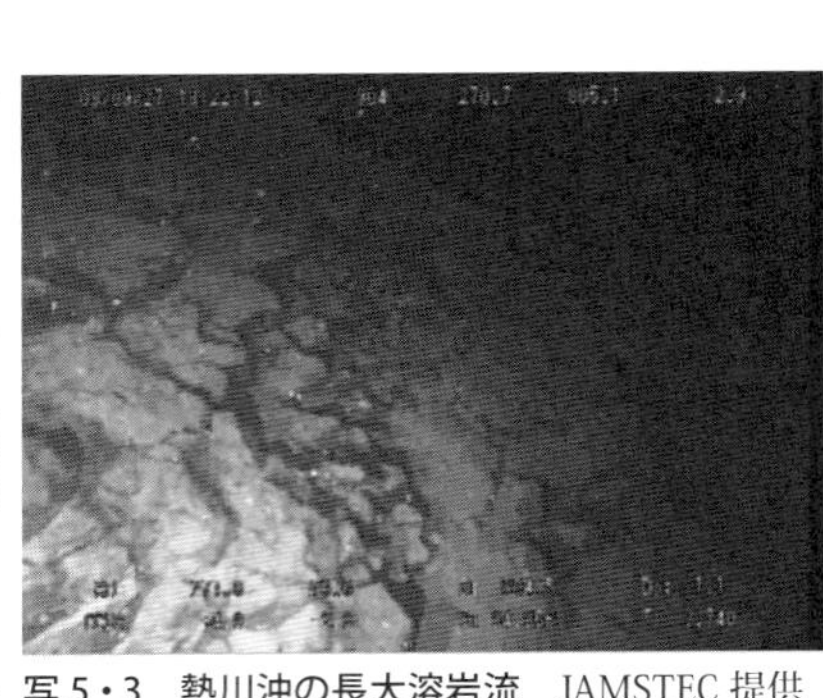
写5・3　熱川沖の長大溶岩流　JAMSTEC提供

いたのです。ハワイ島のプー・オーという火口から噴き出した溶岩が陸上を流れ下って海に入っていく姿を、テレビなどで見た人は多いと思います。最近では、マリアナ諸島のロタ島近くで海底火山の噴火の現場が目撃されています。また、東太平洋海膨で新しい溶岩が池のような地形をつくっていたり、表面が陥没していたりする様子が、潜水調査船などによって目視されていますが、海底を溶岩が流れる姿を見た人はまだいません。大西洋中央海嶺などでも、たくさんの枕状溶岩が見られます。このような溶岩は、どのようにして海底を流れたのでしょうか。

熱川沖の溶岩流は、潜航や地形調査などによって最大一六キロメートルも連続することが分かりました。この海域への潜航は一〇回ほど行われており、溶岩の上流、中流、下流の様子が調べられています。先端は海底の泥のなかに突っ込んでいて、専門的にはペペライトという泥と玄武岩が混ざった岩石になっています。このような長い距離を流れる溶岩ができるためには、溶岩のもとになったマグマの粘性が低くなければなりません。日本の火山では、粘性の低いマグマはきわめて珍しいのです。相模湾では、このような溶岩流はいまのところ一か所でしか見つかっていませんが、よく調べればまだまだあるのではないかという気がします。

海底を流れる溶岩は、最初は一二〇〇℃にも達する高温の玄武岩質マグマとして海底に出てきます。マグマが冷たい海水に接すると、急冷して表面をガラス質な岩石で囲まれた枕のような構造をつくります。このような溶岩を「枕状溶岩」と呼んでいます。これは、斜面を流れるときには細長いチューブのようなかたち（ローブ）になります。表面にガラス質の皮ができても内部はまだ熱いので、マグマは表面の皮を突き破って斜面を流れ下ります。このようなメカニズムが何回も繰り返して起これば、長い溶岩流ができるのでしょう。長い溶岩流ができるためには、同じ場所から大量のマグマが出てくることが必要です。伊豆大島の溶岩については、東京大学地震研究所の中村一明さんによって陸上の調査や多くのボーリング調査が行われ、過去一万年にもわたる詳しい噴火活動が明らかにされています。しかし、そのように粘性の低いものはありませんでした。伊豆大島の多数の火山岩の化学成分は、どれも似たり寄ったりです。そして面白いことに、熱川沖の長大溶岩流の化学成分は、伊豆大島の火山の溶岩とまったく同じなのです。つまり、熱川沖の長大溶岩流の起源は、化学成分や地理的な分布から伊豆大島らしいことが分かりました。ただし、伊豆大島では一万年以上前から多数の噴火が起きています。そのうちのどれが、熱川沖の長大溶岩流に相当するのかを明らかにすることは、今後の課題です。火山の年代が新し過ぎて、年代を決める方法が無いのです。ところが最近この溶岩の起源が伊豆大島ではなくて伊豆半島と伊豆大島の間にある海底の平坦面にあるらしいことが分かってきました。まだまだ新しいことが見つかるようです。

日本の神話の〝八叉の大蛇〟は、夜に輝いて見える溶岩の流れだという説があります。そうだとすれば、この海底の溶岩流は、まさに海底の八叉の大蛇、ということになるのではないでしょうか。

大島の　脇を流るる　マグマ川　長く流れて　嶺となりけり　閑山

相模湾八景　その四　沖ノ山堆の化学合成生物群集―海上の道と海底の道

ここでは、相模トラフの軸を挟んで反対側の沖ノ山堆生物群集を紹介し、はるか南西の沖縄に思いをはせます。

相模湾の真中に北米プレートとフィリピン海プレートの境界が通っていることは、これまでにも何度もお話ししてきました。初島沖生物群集はその境界の西側、つまりフィリピン海プレート側に分布していました。沖ノ山堆は境界の東側、北米プレート側にあります。沖ノ山堆は相模湾東部の北西―南東方向に連なる地形的な高まりで、全体として「沖ノ山堆列」と呼ばれています。沖ノ山堆列は、三浦海底谷や東京海底谷と呼ばれる北東―南西方向に伸びた海底谷、断層によって分断されています。浅いところは水深五〇メートル以下で、今から一万八〇〇〇年前の氷河期には一部は島になっていました。頂部には、約六〇〇〇年前の縄文時代に海面が上昇したときに付着した石灰藻類が礁のような地形を形成しているところもあります。

海洋生物学者の奥谷喬司さんは若かりし頃、水産庁東海区水産研究所（現国立研究開発法人水産総合研究センター）の「蒼鷹丸」が沖ノ山堆列に関連する城ヶ島海脚で採取した二枚貝の死骸を研究し、それをシロウリガイとして新種記載されました（写5・4）。一九五五年のことでした。その後、初島の南東沖で発見された二枚貝がそれらと似ており、どうやら活断層に沿って地下から湧き出しているメタンや硫化水素などの化学物質によって生活しているらしいことが議論されるようになりました。当時、海洋科学技術センター（現JAMSTEC）深海研究部の生物グループは、城ヶ島の沖合にある沖ノ山堆にも同じような条件がそろっているので、そこからも化学合成生物群集が見つかるかもしれないと考えました。一九八六年に海洋調査船「かいよう」を用いた地形調査、深海曳航調査システム「ディープ・トウ」のカメラを用いた海底

写5・4　シロウリガイ　JAMSTEC提供

の調査が合計一一時間三〇分にわたって行われ、七六八枚の写真が撮影されました。写真判読の結果、沖ノ山堆の水深一三九九〜七五〇メートルの広い範囲にわたって化学合成生物群集が存在することが分かりました。その後、有人潜水調査船「しんかい２０００」や無人探査機「ドルフィン３Ｋ」によって、沖ノ山堆における化学合成生物群集の詳細が明らかになりました。

沖ノ山堆の生物群集は、反対側の初島のそれと、どう違うのでしょうか。それは一言でいうと、「テクトニックセッティング」の違いです。テクトニックセッティングとは、あるものがそこに存在するための構造的な条件、もっと砕けた表現をすると、それがなぜそこにあるのか、いるのかを決定する要因のことです。フィリピン海プレートの上にある初島には、すぐ近くに断層や火山フロントが通っているため、温度の高い水が湧き出しやすい条件がそろっています。

一方、北米プレートの上にある沖ノ山堆の付近では、フィリピン海プレートと太平洋プレートという二つのプレートが違う場所から沈み込んでいます。沖ノ山堆の斜面には多くの逆断層が発達していますが、火山フロントははるか遠くにあるために、湧き出す水は温度が低いでしょう。このような違いが、生物群集の立地あるいは棲息条件に何か影響を与えているのでしょうか。答えは、「種類によって異なる」と思われます。生物は、プレート境界にも火山フロントにもまったく興味なく、平然と暮らしているようです。

相模湾には、少なくとも五つの化学合成生物群集のサイトが知られています。それらのうち二つの群集が、初島沖と沖ノ山堆のふもとにあります。生物群集の優占種の組成としては、ハオリムシ類、サガミハイカブリニナといった種類があげられます。しかし、巻貝や甲殻類を詳細に調べてみると、初島沖生物群集の方が、多様性が高くなります。沖ノ山堆生物群集から出現する種は、すべて初島沖生物群集からも出現します。

両群集の距離は、直線にすると最短で九キロメートルほどです。この距離を生物は自由に移動できるのでしょうか。貝が歩いていくには大変な距離です。シロウリガイは自分のテリトリーの中を相当うろうろしているようですが、それでも一日に歩ける距離は、せいぜい数メートルから数十メートルではないでしょうか。仮に一日一〇メートル歩くことができたとして、九キロメートル先にたどり着くまでに九〇〇日（約三年）かかります。そんなに長い間移動できるものでしょうか。歩いていくことのほかには、潮の流れに乗って移動することが重要なのは、言をまたないでしょう。特に幼生の段階では潮任せなので、どこへなりとも移動できることでしょう。たとえば、沖縄トラフにある化学合成生物群集まででも。そこで、相模湾の底層流の研究が重要になってきます。ところが、この生物の移動に関する研究や深海の流れの長期的な観測は、残念ながらほとんど行われていません。

東京大学海洋研究所の研究では、相模湾初島沖のシロウリガイ類やハオリムシ類は沖縄トラフの化学合成生物群集のものと同種であるといいます。それどころか、シロウリガイに至っては北アメリカ西岸のカリフォルニア沖のものとも同じです。それらはいったい、いつ、どのようにして分かれたのでしょうか。また、どちらがルーツで、どのようにして伝播したのでしょうか。生物研究者はこれらの生物の分散に関して、幼生期の生活史解明が不可欠であると考え、どれくらいの分散能力があるのかを評価し始めています。それだけでは不十分で、海陸分布、気候、海流、海底地形、そのほかいろいろなことを考えないと、この問題は解明できないでしょう。

　柳田國男は『海上の道』という本で、日本人のルーツが黒潮に乗ってやって来たという話を書いています。黒潮は、フィリピンのあたりの赤道海流が反転して日本列島に押し寄せる海流です。そして日本人のルーツや文化、文明が黒潮によって運ばれたという説です。現在では神奈川県の「葉山しおさい博物館」に展示されているように、相模湾にもさまざまなものが漂着しています。海洋の汚染を軽減するためには、海辺の漂流物を集めて調べるビーチコーミングが重要です。鎌倉では、すでに市民レベルでビーチコーミングを行っているようです。

　ごみはやはり海上の道をたどってやって来ますが、化学合成生物群集の移動は海底の道を考えなければ解明できないのでしょうか。生物が深海を移動することの解明には、まだ千里の道があるようです。

相模の海　西に白瓜（シロウリ）　東風羽織（こちハオリ）　沖縄（うちな）へ続く　水底（みなそこ）の道　閑山

相模湾八景　その五　海底谷とごみ

少し変わったものを紹介します。有人潜水調査船「しんかい２０００」の第一六七潜航は、私の初潜航で、相模湾の東の三浦海底谷と三浦海丘を調査しました。当時、私は東京大学海洋研究所に在籍していました。「しんかい２０００」が潜航を開始してまだ数年しかたっていないころで、うかつなことに、私は「しんかい２０００」を知りませんでした。その前年に、同じ海洋研の人から駿河湾に潜って感動したと聞き、その存在を初めて知りました。そして大学にも潜航の枠があると聞いて早速応募したところ、採用されたのです。一九八五年は日本とフランスが共同で日本周辺の海溝域を探査する「日仏海溝計画」の二年目にあたり、完成したばかりのフランスの六〇〇〇メートル級の潜水調査船「ノチール」で日本海溝に潜ることになっていました。その前に練習ができればいいなと思っていた矢先でした。

五月二二日は、東京駅から踊り子号で、「しんかい２０００」の支援母船「なつしま」が停泊している伊東へ向かいました。乗船した夜の食事は、ハマチとイカの刺身、ステーキ、茶碗蒸し、鶏肉のフライ、豆ご飯、サラダ、バナナでした。船でこんなに豪勢な食事が出たのは初めてで、すっかり「なつしま」が気に入ってしまいました。夕食後、船長会議室で打ち合わせが行われ、船や2K（しんかい２０００）チームの人たちが参加しました。打ち合わせのポイントは、私が提案している潜航点周辺の確認調査と潜航のストラテジー（戦略）についてでした。

五月二三日は快晴。朝食の後、七時五〇分に抜錨し、現地へ向かいます。三浦海丘の調査を行って、いよいよ潜水船を降ろします。この潜航はパイロットがJAMSTECの井田正比古さん、コパイロットがJAMSTECの田代省三さんという、今では考えられない豪華キャストだったのです。九時四三分潜水船に乗り込み、九時五五分ハッチを閉め、一〇時〇二分着水、一〇時〇八分スイマーが離れ潜航開始。毎分二五メートルくらいのスピードで沈んでいきます。潜水船の窓から見えるあたりの景色は、非科学的な表現ですが、水深三七メートルで夕方くらい、五〇メートルで満月の夜、六〇メートルでかなり暗い月夜くらい、一〇〇メートルで三日月の夜、二〇〇メートルで真っ暗です。マリンスノー、夜光虫やエビなどを見ながら潜航を続け、一〇時五〇分に水深一〇二五メートルでバラストを切り離し、いよいよ着底です。十一時には海底に着きました。水深一〇七〇メートル、流れはほとんどなく〇・二ノット（秒速約一〇センチメートル）、視界は五メートル、水温は二・九二八℃でした。

この潜航の目的は、陸上の三浦半島に露出している岩石と、海底の地質構造との比較でしたが、それより興味を引いたものがありました。それは、海底谷の堆積物表面に無数にある線でした。地質の研究者だと、すぐに生物活動の跡、生痕であるといって片付けてしまいます。しかし、無数にある線は、何とレジ袋が海底の流れで回転したり滑ったりして、その角が海底をこすってできた傷でした。最大の発見は、海底谷から少し東にある山へ入ったところでありました。流れがまったくなく、澱んでいたのですが、そこにおびただしい数のビニール袋がふわふわと漂って、露頭を遮っていたのです（写5・5）。なかには店の名前の入ったものもありました。三浦海底谷の上流には三浦半島の釣りのメッカである荒崎や宮田湾があります。そこで釣りをした人の〝化石〟といってもよいでしょう。ビニール袋は沈むまでに多少漂泊することを考えると、もっと広い範囲から運ばれてきたのかもしれません。

写5・5　三浦海底谷のゴミ
JAMSTEC 提供

ビニール袋は海水に溶けないので沈降し、海底にたどり着くと堆積物と同様に積もります。同じ場所に積もれば、地層となってしまいます。やがて地殻変動などで陸上に露出し、人類が滅んだ後に、新しい生物が人類の化石として調査するかもしれません。

最近では『2012 地球大異変』（NHK出版）など、温暖化や人類の未来に関するさまざまな本が出回っています。『人類が消えた世界』（早川書房）という、空恐ろしい本まで出ています。映画でいえば『猿の惑星』のようなものでしょうか。人類がいなくなった後にどのような生物がいるか分かりませんが、―海底の堆積物を調査していたら堆積物のなかからおびただしいビニール袋が出てきた。いったいこれは何なのだろうか。年代測定をするとどうやら今から一〇〇万年も前、一九八五年のものであった―というような話になるのでしょうか。

風が運ぶ砂粒、植物の種子、海で死んだ生物の遺骸、河川から運ばれた土砂やごみなど何でも、最終的には海の底に堆積します。自然物の多くは海水に溶けて海に同化しますが、ビニール袋のようなポリマーはどうにも溶けずに残って堆積物になってしまいます。そのような物質は、海洋に棲息する生物にとっては有害です。足を引っかけたり、覆われて窒息したり、海底に住む生物たちが寿命を縮めているのも事実です。

海底の　澱みに積もる　塵芥（ちりあくた）　人の化石に　なりにけるかも　閑山

相模湾八景　その六　深海底の定点観測

人工的につくった観測機器を海底に設置して長期的に観測するシステムなどについて紹介します。一種の外来生物みたいなものでしょうか。相模湾には、私たちが長い間設置しているものが三つあります。鯨骨（げいこつ）、観測基準点、そして初島沖の深海底総合観測ステーションです。

海底に横たわったクジラの骨に特殊な化学合成生物群集が群がって存在することが分かったのは、一九八七年のことでした。このような鯨骨生物群集が初めて見つかったのは、米国西岸ロサンゼルスの北にあるサンタカタリナ海盆で、水深一七四〇メートルのところです。発見したのは、ハワイ大学のクレーグ・スミスでした。

それから約六年後の一九九三年、私たちは伊豆・小笠原弧の蛇紋岩海山の一つ、鳥島海山の調査を行っていました。鳥島海山は、吉村昭の小説『漂流』でなじみの深い鳥島の東約一五〇キロメートルにある海山で、富士山くらいの大きさです。私たちは、蛇紋岩を見つけるために潜航を行いました。しかし、有人潜水調査船「しんかい６５００」の第一四七潜航に搭乗した私は、浮上の寸前に蛇紋岩を一個採集しただけで、大きな露頭などは発見できませんでした。その夜、みんなでいろいろ検討して別のルートを考えました。静岡大学の和田秀樹さんが翌日潜りました。ところが和田さんは、蛇紋岩ではない、白いさいころのようなものを発見したのです。これが日本で初めて見つかった鯨骨生物群集でした。世界では二例目で、その後はほとんど見つかっていません。

クジラは約五五〇〇万年前から海に入り、世界中を席巻しています。どこの海にもいて、その死骸はとてもて大きいので、あらゆる生物の餌になるのではないか。したがって、クジラの回遊ルートに沿ってクジラの死骸が沈んでいれば、生物はそれらを伝って深海を伝播できるのではないかと考えられました。この考えは「飛び石」(Stepping Stone) 仮説と呼ばれています。さらに、海底にクジラの骨を置いておけば、そのうちに鯨骨生物群集ができるのではないかと考えられたのです。

二〇〇〇年に、鹿児島で多くのクジラがストランディング(クジラやイルカなど海生哺乳類が陸地に打ち上げられること)によって大量死して困っている、という話を聞きました。九州大学の小池裕子さんから電話で「このクジラをもらって海底に置いてみてはどうか」と強く迫られました。彼女は、窒素の同位体を使って縄文人たちが何を食べていたのかを調べていました。縄文人がクジラを食べていたことなどから、鯨骨生物群集に大変関心を寄せていたのです。

これまでにも、陸上から貝が付着したクジラの骨の化石が見つかっています。しかし、クジラを研究している古生物学者にとって貝はいらないし、貝を研究している古生物学者にとってクジラはいらないことが多く、クジラの骨と貝との関係には誰も関心がありません。というより、鯨骨生物群集があるなんて、彼らは夢にも思っていなかったのです。ところが愛知県の知多半島からクジラの骨に貝が付着した化石が大量に出るに及んで、過去の地質時代にも鳥島海山で見つかったものと同じような群集があったことが知られるようになってきました。

JAMSTEC の生物グループは、ついに鹿児島のクジラの死骸をもらい受けて相模湾に移設しました。相模湾であればいつでもそこに行って観察できるし、海底にはこれまでに紹介したようにさまざまな生物が棲んでいるからです。なお、鯨骨が設置してある詳しい場所は秘密です。

驚いたことに、鯨骨にはさまざまな生物があっという間に付着し始めました。鯨骨生物群集の形成に関してはクレーグ・スミスの論文があります。彼は、鯨骨のなかにある脂肪酸が空気に触れずに分解してメタンを合成するため、そのメタンをバクテリアが使い、さらにバクテリアを餌に大型のいわゆる熱水域や冷湧水域で見られる化学合成生物の群集ができると考えました。果たしてその通りかというとそうでもなく、ゾンビワームと呼ばれるホネクイハナムシなど不思議な生物がたくさん付着しているのが分かりました。この生物はクジラに特有なものであることも判明しています。そうすると、クジラが「飛び石」であるという考えは危うくなってきました。

海底に基準点を置くことは、海底に何か大きな変化が起こったときに重要になります。関東地震の後に、物理学者の寺田寅彦は相模湾の海底に圧力計を設置することを提唱しています。海底の基準点は、東京大学海洋研究所から生まれました。瀬川爾朗（じろう）教授のグループが電磁気の計測のための基準点を最初に設置しています。その基準点は、潜水船が海面で波にたたかれたときに装置がなくなってしまったり、大変な苦労の末に設置されたようです。その後、重力の基準点やそのほかの基準点を海底に設置しています。JAMSTEC の北里洋さんや伊藤信さんた

写5・6　初島沖深海底総合観測ステーション
JAMSTEC提供

ちのグループは、海底の堆積物と海水との接点の部分の研究のために、海底に基準点を設けて特殊な器機（現場環境観測器のようなものでベンシックチャンバーと呼ばれている）を設置しています。設置場所は北緯三五度の線上の数か所で、その一つは相模トラフのなか（東経一三九度一六分二五秒）にあります。最後に紹介するのは、初島沖深海底総合観測ステーション（写5・6）で、一九九三年にJAMSTECが設置しています。地震計、流速計、温度計などの計測器を一つのシステムにして海底に設置し、ケーブルを介して陸上局とつないでリアルタイムにデータや映像を送信することで、海底の様子を観察するものです。私は、陸上局がまだバラックのときに一度見学に行きました。近年久しぶりに初島に行って感慨を新たにしました。このシステムでは、生物の放精・放卵や、海底の地滑りなどが観察されています。

さねさしの　相模の淵に　いさな置き　新たな息吹き　育てまつらん　閑山

相模湾八景　その七　海面変動と地殻変動

相模湾のなかにプレート境界があるため、相模湾内の大陸棚や沖ノ山堆など水深の浅い海底にはさまざまな地球科学現象が残されています。そのうちの海面変動と地殻変動に関係するものを「相模湾八景」その七として紹介します。

約二万年前の最終氷期には、海面が一二〇メートルも下がったといわれています。相模湾の周辺の海底地形図を見てみましょう(30頁　図1・1参照)。初島の西側周辺の水深は一〇〇メートルより浅いので、一万八〇〇〇年前には伊東から初島まで歩いて行けたようです。初島では、縄文時代（約一万六五〇〇年前〜三〇〇〇年前）の遺跡が発見されています。その前の旧石器時代に人が住んでいた痕跡はまだ発見されてはいませんが、可能性はあります。

相模湾北部では、強い海流のために海岸の侵食が激しく、大陸棚はありません。一方、三浦半島の西、相模湾東部には大陸棚がやや広く発達しています。陸上には西北西―東南東方向の活断層が五つあります。それらの活断層は、北から衣笠断層、北武断層、武山断層、南下浦断層、引橋断層と呼ばれています。相模湾東部の大陸棚の上には、これらの断層から派生する海底谷が見られます。海底谷の方向は、陸上の断層の方向と調和的です。いずれも右横ずれの断層で、東京湾を挟んだ東側の房総半島にまでつながっています。

房総半島の館山の近くに「沼」という地名があります。ここには、約六三〇〇年前の縄文時代のサンゴが小さな礁をつくって露出しています。六〇〇〇年前ごろの地球は暖かく、海面は今より約六メートルも高かったといわれています。このことは、実は縄文人が捨てた貝塚の分布から分かりました。

地理学者の東木竜七（とうきりゅうしち）さんは一九二六年、縄文人が残した貝塚が、現在の海岸線よりはるかに内陸にまで分布していることを示しました。縄文人は、海から一〇〇キロメートルも離れた山のなかから海岸にまで貝を採りに行き、持ち帰って食べ、その殻を捨てたのでしょうか。貝塚のある位置に昔の海岸があったのでしょうか。貝塚のある位置に海岸があったと考える方が自然だと思います。

そうだとすると、縄文時代には海が現在の群馬県や栃木県にまで広がっていたことになります。このように海が内陸まで入り込む現象を「海進（かいしん）」といい、この時代の海進は「縄文海進」と呼ばれています。思えば旧石器時代から縄文時代にかけて（約二万〜約三〇〇〇年前）、人類は酷寒から酷暑への大変な気候変動の時代に生活していたのです。

地殻変動は、主として地震や火山活動に関係があります。関東地震では、横浜や相模湾の近辺で土地が隆起して海食台が形成されました。その比高は大きいところで二メートルにも達します。もし地震が一〇〇〜二〇〇年の間隔で起こっていれば、数万年の間には数十メートルの台地が形成されます。日本アルプスなどでは一年間に三ミリメートルずつ隆起していることが観測されています。三ミリメートルをあなどってはいけません。一〇〇万年たてば、何と三〇〇〇メートルもの山になるのです。実際、赤石山脈などがそうです。ところが、水平運動はそれより一桁以上も速いのです。遅いプレートでも一年で三センチメートルほど、速いものでは一五センチメートルにもなります。一〇〇万年では三〇〜一五〇キロメートルになります。プレートが移動した分だけ沈み込まないと、地球の表面積が釣り合いません。この不釣り合いが地震となって解消されるのです。

写5・7　油壺の海岸にある貝が孔を開けた地層
著者撮影

　そのような痕跡は相模湾のどこにあるのでしょうか。まず地面が隆起する方は、三浦半島や横浜周辺に残されています。三浦半島では平坦な海食台を利用してダイコンやスイカなどが栽培され、横浜近辺ではホテルが建てられていました。油壺の海岸に露出する地層には、貝が孔を開けた跡が標高八メートルにあります（写5・7）。ヤッコカンザシと呼ばれる、現在は潮間帯に住んでいるゴカイの仲間の棲息跡も見られます。これらの地層は、かつて海面近くにあったことになります。生物が痕跡を残した時代が分かれば、陸地が相対的に八メートル隆起するのに要した年数も求められます。隆起の原因は、主に関東地震のような巨大地震です。地震と地震の間には、沈み込む海洋プレートが陸側のプレートも一緒に引きずり込むために、陸地は沈降します。このような痕跡も地層中に見られます。海底では、海底地滑りにともなう土石流などが地形を変えているのです。海底のステーションや基準点では、そのような現象をも観測しています。

火山活動に関係する地形としては、伊豆大島周辺の溶岩や伊豆大島の南にある大室ダシがあります。大室ダシは大きさが伊豆大島に匹敵しますが、伊豆大島が黒っぽい玄武岩なのに対して、大室ダシは新島や神津島と同じ白っぽい流紋岩からなります。一方、真鶴半島と初島の間には熱海海底谷と呼ばれる円形の凹地形があります。まだ研究が進んでいませんが、真鶴半島も初島も火山です。そうすると、熱海海底谷はカルデラか火口が侵食されて大きくなったものとも考えられます。

よく調べてみると、相模湾とその周辺にはこのような地形がたくさんあって、過去の大変動、すなわち「滄桑（そうそう）の変」を記憶しているのです。

さねさしの　相模の海を　上下させ　陸（くが）を持ち上げ　桑田（そうでん）にせむ　閑山

相模湾八景　その八　深海の歳時記

暗くて冷たい深海底に果たして季節はあるのでしょうか。光のまったく届かない恐るべき高水圧の世界に棲息する生物でも、何らかの方法で季節を知っているかもしれません。たとえば、海洋潮汐や地球潮汐は、少なくとも水深三六〇〇メートルの深海にまで影響を及ぼしていることが分かっています。

「相模湾八景」のその八として、相模湾に棲息する生物をお届けします。題して「深海の歳時記」です。取り上げる生物は、乙姫の花笠、雲丹、海鼠、そして蝦夷茨蟹です。

春―乙姫の花笠（オトヒメノハナガサ）

相模湾の北岸には急斜面が発達しています。この斜面は陸上の酒匂川から連続的につながっていて、水深一〇〇〇メートルの平坦面まで続きます。斜面の上には、まことにかわいい花が咲いています。名前はオトヒメノハナガサ（写5・8）。一見ユリの花のように見えますが、実は動物で、ヒドロ虫の仲間なのです。この生物が初めて発見されたのは、イギリスの海洋調査船「チャレンジャー号」が日本に来た一八七五年一一月一七日のことでした。横須賀の造船所で点検の後、出港してハワイへ向かう途中、房総半島野島崎の沖、南東八〇キロメートルほどの水深三四三〇メートルで、トロールによって採取されました。「チャレンジャー号」の委員会の一人であったエジンバラ大学のオールマン博士が、新種として記載し Branchiocerianthus

写5・8　オトヒメノハナガサ
JAMSTEC 提供

imperator という学名を付けました。

一八九〇年元日、三浦半島の東京大学三崎臨海実験所に、ヒドロ虫が生物採集人の青木熊吉によって持ち込まれました。帝国大学（現東京大学）の動物教室の第三代教授で、三崎臨海実験所の創立者でもある帝国大学理科大学動物学教授の箕作佳吉は、持ち込まれた生物を学生の宮島幹之助に研究させました。「乙姫の花笠」という和名を付けたのは箕作教授でした。

オトヒメノハナガサを最初に現場観察したのは、東京水産大学（現東京海洋大学）のサクラエビの研究で有名な大森信さんで、一九八五年六月二一日のことです。有人潜水調査船「しんかい２０００」による第一七九潜航で、小田原沖の水深五八〇メートルのところでした。

一般的にオトヒメノハナガサは、海山や大陸斜面などの斜面の上部に棲息しています。下流に花びらを向けて、上流の触手の周りに渦ができるように配置しています。斜面には下から上へと湧昇流が卓越しています。その触手で小さな栄養物質を引っ掛けて餌としているようです。花びらのような触手は一三五本あり、長いものは一五センチメートルもあったと報告されています。オトヒメノハナガサは日本海溝の陸側斜面や千島海溝のカデ海山の頂上などに見られ、茎の長さが四～五メートルにもなる巨大なものもあります。

夏―雲丹（ウニ）

海底の泥の上にウニの軍団が見えてきました。なんと数の多いことでしょう。これだけのウニを養うには、ものすごい量の栄養物が必要でしょう。ウニもナマコも海底に棲息する生物ですが、泥の表面にうっすらとたまっている栄養を取ります。そのため、海底の堆積物の表面に、その這い跡が残ります。ウニの仲間のブンブクが這った跡は化石にもなっています。それは特徴的な曲がりくねったトレイル（溝）で、地層の表面や内部に残されています。これらの生物はカンブリア紀（今から五億四〇〇〇万年前～四億八五〇〇万年前）から存在するようです。

秋―海鼠（ナマコ）

グアム島のビーチで泳いでいると、黒っぽい大きなナマコがたくさんいます。最近ではそうでもないのでしょうが、以前に私が行ったころには、ビーチの至るところにナマコがいました。こんな現象は浅い海に限ったことだと思っていたのですが、なんと深海底にもナマコがうじゃうじゃいたのです。三〇センチメートルほどもある大きな白いナマコがいっぱいいるさまは、何とも不気味です。ナマコは悪食で、海底の泥をそのまま飲み込んで栄養になるものだけを吸収すると、泥をそのまま出します。ナマコが通った跡には、彼らの排せつ物すなわち泥が規則正しく並んでいます。これらは化石としても知られています。

冬─蝦夷茨蟹（エゾイバラガニ）

冬は、山陰地方など日本海側ではベニズワイガニの季節です。刺身で、ゆでて、焼いて、甲羅酒……。おいしいカニは酒のつまみに欠かせません。カニの漁期は冬が多いようですが、深海には一年中棲息しているようです。初島沖のシロウリガイのコロニーに出回っているエゾイバラガニは、ふんだんにある貝のコロニーを餌場にして棲息しています。よく見ると、コロニーそのものより一段浅いテラスにものすごい量が棲息しているのが分かります。これだけのカニを養う栄養は、いったいどこから来るのでしょうか。これも化学合成生物群集なのでしょうか。

相模湾にはばく大な量の生物が群がって棲息しています。そもそも生物はなぜ群れるのでしょうか。一般に弱い生物は群れをつくることによって外敵から身を守ります。ある程度食われたとしても、生き残るものも多いわけです。深海の場合もそうでしょうか。外敵から身を守る前に、集団を支える餌がなければならないでしょう。相模湾はそういう意味合いからも、なぜか餌に事欠かない、あるいは餌がきわめて多い場所ということになります。

最後に、本章の歌の作者「閑山（かんさん）」とは筆者です。

はろばろと　また訪ねては見む　さねさしの　相模の淵に　棲みし貝らを　閑山

第六章

相模湾はいつどのようにしてできたのか

オオエンコウガニ　JAMSTEC 提供

すでに日本列島の生い立ちの第四紀（二五八万年前以降）についての概略は見てきましたが、ここでもう一度、相模湾を含むやや広い地域の成り立ちについて、もう少し長い時間の幅で見ていきたいと思います。

相模湾がどうしてできたのかを考えるのに、日本列島に存在する岩石のでき始めた二〇億年も前までさかのぼる必要はありません。今から七〇〇〇万年前頃の白亜紀の終わりから中部日本に起こった出来事を振り返れば十分でしょう。相模湾、駿河湾、富山湾の三大深海湾に共通に関係する出来事でした。さらに北の日本海や南のフィリピン海に関する出来事も見ていきます。

神奈川の大地の生い立ちの概略

地球上を恐竜が闊歩していた白亜紀の終わりころ、今から七〇〇〇万年前頃の日本列島は、ユーラシア大陸の縁にありました。当時、ユーラシア大陸の南にあった名前の無い海溝から沈み込む太平洋プレートより前にあったイザナギプレートが付加体を作っていました。神奈川県の北部に位置する中央道で、よく渋滞が起こっている小仏（こぼとけ）トンネルのある小仏山地の周辺には、その頃の付加体であった小仏層群が分布しています。ここには海溝にたまった砂や泥からできた砂岩・泥岩が分布しています。相模湖の南にある石老山（せきろうざん）には、家くらいの大きさの礫や礫岩が露出しています。これも付加体の地層の一部です。

付加体とは、海洋プレートが海溝から地球の内部に沈み込む際に、陸から来る堆積物や、海洋プレートが運んできた海底火山や生物の遺骸などが海溝でいっしょになって溜まった混在堆積物（メランジェといいます）が、プレートといっしょに地下深部へと沈み込まずに、断層によっていくつものスライスになって剥ぎ取られ、順次陸側に押しつけられてできた地質体のことをいいます。この断層は、陸側（沈み込むプレートが進行していく方向）にある部分がのし上がる逆断層なので、断層運動が度重なって付加が進行すれば、このような堆積物はやがて陸上に顔を出して、砂岩や泥岩の露頭として私達の目に触れます。付加体の構造はドミノ倒しに似ています。あるいは瓦（かわら）を重ねて斜めにしたような構造です。このような付加作用が延々と続けば、大きな山脈ができていきます。日本の山脈の多くが、例えば四国山脈や中央アルプス、南アルプスなどの山脈が、このような付加のプロセスでできています。

その後、イザナギプレートは海溝に沈み込んで消滅してしまい、代わって新たに現在の太平洋プレートが沈み込みを始めます。さらに新しい時代の付加体が海側（この場合は東、または南側）に作られていきます。白亜紀から古第三紀にかけてのおよそ七〇〇〇万年から二五〇〇万年前に、海溝にたまった堆積物が陸側に押し付けられて、小仏層群の南側に次々と付加体を形成してきました。

今から二〇〇〇万年前頃から日本列島がユーラシア大陸から分裂し、移動を始めます。分裂したその隙間に日本海が形成され、一五〇〇万年前頃までに日本列島は現在の位置にまで移動してきました。一方、神奈川県の南に続くフィリピン海プレートが、古い南海トラフに沈み込みを始めます。フィリピン海プレートの一部を形成する伊豆・小笠原弧は軽いために沈み込みができなくて、本州に衝突します。フィリピン海プレートの上に載っている伊豆・小笠原弧が断続的に衝突し、本州に付け加わって、長野県の諏訪湖より南の地域に次々に寄せ集まりました。櫛形山や巨摩山地、さらに丹沢山地などです。そして最後の約一〇〇万～六〇〇万年前頃には、現在の伊豆半島となる伊豆島(伊豆半島を南へ引き戻すと島になる)が本州に衝突しました。駿河湾と相模湾は、この伊豆島の本州への衝突・付加によって、それまで一続きの海溝であったものが、別々の湾になってしまいました。伊豆島自身は本州と合体して現在の伊豆半島になりました。その後、富士火山や箱根火山の噴火による火山灰や溶岩が大地を覆うようになり、陸化していた大地は度重なる地震のたびに隆起して、ついに現在の神奈川の大地が形成されました。

このように、神奈川の大地の生い立ちを知るためには、単に神奈川県内の地形や地質が分かればいいというものではありません。もっと広い地域の地形や地質の変遷を読み取ることが必要なのです。それらについて、もう少し詳しく見ていくことにします。

二〇〇〇万年前の日本列島

今から二〇〇〇万年前頃には、日本列島は現在の場所にはなくて中国やロシアの沿海州にくっついていました。つまり、日本列島はユーラシア大陸の一部であったのです。そして「日本海」というものは存在せず、日本とロシアや中国は地続きで、生物もいつも行き来できたのです。なお、以下のフォッサマグナや日本海のでき方に関しては私の私論です。

二〇〇〇万年前のある日、沿海州のある場所にホットプルームという、巨大な高温のマグマが突っ込んできて、大地は三方向に割れてしまいました。「オラーコジェン」です。オラーコジェンは残念ながら日本語が無いのですが、地殻が薄くなって割れてできた凹地のようなものを言います。三本の割れ目は、ドイツのライン河が流れるライングラーベンのような細長い凹地を形成しました。二つの裂け目は、今はロシアの東にあるシホタリアン断層や韓国から中国を通っている巨大な断層、タン・ルー断層になっていますが、これらの断層に直交する南北の裂け目が「フォッサマグナ」です。

日本列島を大陸から引き離し、日本海を形成した原因は、地球深部にあった巨大なホットプルームだったのです。ホットプルームというのはマントルの中にある、直径一〇〇〇キロメートルもある巨大できわめて高温の、煙(プルーム)のように舞い上がる形をしたものを言います。ホットプルームによって大陸が引き裂かれた状況は、現在の東アフリカのリフトゾーンというジブチからエチオピア、ケニアに至る地域と同じようなものです。東アフリカではジグザグ状に大地が割れて、陥没した細長い凹地にたくさんの湖や活火山ができています。リフトの中にマグマが付け加わると、表面の近くは薄くなって引き裂かれて、ついに海洋地殻ができて、それが引き続き起こると、やがて海水が入り込んで海になります。そのような例が、アフリカとアラビア半島の間にある細長い海、紅海です。二〇〇〇万年前に日本列島とユーラシア大陸の間にできた割れ目は、やがて日本海として拡大し、日本列島をロシアから引き離していきます。

フォッサマグナの形成

序章でも少し見てきた通り、「フォッサマグナ」とは、大きな低地あるいは凹地という意味のラテン語です。明治の初めに来日したドイツ人地質学者ナウマンは、弱冠二三歳で東京大学地質学教室の初代教授になりました。日本に着任した若きナウマンは日本の地質の概略をいち早く理解するために、日本中の地質旅行を試みました。最初の旅行の折の一八七五年に、長野県八ヶ岳の麓の小さな峠（鉄道で日本一高い地点に位置する野辺山駅の南、小さな集落・平沢へ向かう途中の分水界のある峠。獅子岩があるところ）から南アルプスを眺めて呆然としたようです。標高三〇〇〇メートルに満たない甲府盆地の低地から、いきなり三〇〇〇メートル級の山々、南アルプスがそびえたっている様が目にはいったのです。ナウマンは日本列島の中央を南北に走るこの低地を「フォッサマグナ」と名付けました。フォッサマグナは地形的には日本列島を日本海側から太平洋側まで二〇〇キロメートル以上連なっていますが、これは一つの構造というよりは、諏訪湖を境にして、北と南に分けた方がよさそうです。諏訪湖より北を北部フォッサマグナ、諏訪湖より南を南部フォッサマグナと呼んでいます。現在では、地球科学者の多くがフォッサマグナは北部と南部ではそれぞれ違った歴史をたどってきたと考えています。

フォッサマグナの西の端は新潟県の糸魚川から静岡県の静岡まで断続的につながる大きな断層、糸魚川—静岡構造線です。東側の縁は必ずしも研究者によって一致していませんが、新潟県の柏崎から千葉県の銚子へ至る、柏崎—銚子構造線であるとか、利根川構造線であるとも言われています。

西南日本（九州、四国、紀伊半島、静岡県など）から関東山地へと細長く東西方向に連続的につながる古い帯状の構造や地層は、北から南へと順に三波川（さんばがわ）帯や秩父帯、四万十帯、瀬戸川帯などと呼ばれています。これらの地質帯は、フォッサマグナを境にして糸魚川—静岡構造線によって断ち切られ、フォッサマグナの中には存在せず、一部が関東山地に繋がりますが、それより東の東北日本へは連続しません。どうしてこのような大きな低地ができたのかに関しては、ナウマン以来、さまざまな研究が行われてきましたが、いまだに定説はありません。いろいろな考えがありますが、私はこれを先に述べたようにオラーコジェンという三方向に広がる割れ目（地割れ）の一つだと考えています。

フォッサマグナができた当時の一七〇〇万年前頃の海は、深さ六〇〇〇メートルもの凹地でした。フォッサマグナの東西両側、少なくとも西側は糸魚川—静岡構造線によって区切られた急斜面と凹地で、その海底を一五〇〇万年前より新しい堆積物が急速に埋めていきました。その堆積物は周辺の陸から運ばれた砂や泥、海底火山活動の産物、そして生物の遺骸からなるものでした。現在は、フォッサマグナの上には八ヶ岳や富士山、箱根山などたくさんの第四紀の火山が重なっています。この第四紀の火山は、南は何と一二〇〇キロメートルも隔てた南硫黄島まで点々と繋がっています。それらの火山は、多くが海底火山ですが、陸上に顔を出しているものは、北から伊豆大島、三宅島、御蔵島（みくらじま）、八丈島、青ヶ島、明神礁（みょうじんしょう）、スミス島、孀婦岩（そうふがん）、北硫黄島、硫黄島そして南硫黄島で、火山フロントと呼ばれる一本のきれいな直線を形成しています。ずっと南にある孀婦岩と北硫黄島の間には火山島は見られませんが、海底火山が並んでいます。七曜海山列（しちようかいざんれつ）と呼ばれ、北から南へ日曜海山から土曜海山まで七つあります。

新潟県糸魚川市にあるフォッサマグナミュージアムには、ナウマンの生い立ちや、彼の研究と業績、フォッサマグナに分布する地層や岩石、鉱物、化石が展示されています。フォッサマグナの北部に位置する糸魚川市は、雄大かつ貴重な地形と地質が見られることから世界ジオパークに指定されています。その目玉がフォッサマグナ、ナウマンの研究、そしてヒスイなどです。

岐阜県瑞浪（みずなみ）市にある瑞浪市化石博物館にはフォッサマグナが温かい海であった頃に溜まった地層から産出する暖流系の貝の化石などが豊富に展示されています。これらの博物館に収蔵されている化石や岩石からフォッサマグナに関する情報が得られます。現在の瑞浪市から考えるとおよそあり得ない南方の貝の化石が出てきます。これは南の暖流がここまで入り込んでいたことを示すものです。

フォッサマグナミュージアムが発行している冊子には、フォッサマグナが水深六〇〇〇メートル以上の深い海で、周辺の山々との比高が九〇〇〇メートルにも及ぶ大構造であると書かれています。そもそも六〇〇〇メートル以上も落差のある細長い構造は、現在の地球上で考えられるものとしては、海溝かトランスフォーム断層（海嶺と海嶺や海嶺と海溝などを結ぶ断層）、そしてオラーコジェンやリフト（地面が引っ張られて引き裂かれるようにしてできた裂け目）しかありません。それぞれをさまざまな理由で消去していくとオラーコジェンが残り、それがやがて深い海に転化したものと私は考えたのです。

日本海の形成と拡大

日本海は、ユーラシア大陸と日本列島との間にある縁辺海（えんぺんかい）（縁海）です。縁辺海というのは大陸の縁にある海というもので、ベーリング海やオホーツク海、東シナ海など名前の通り大陸の縁辺に存在します。日本海も縁辺海の一つです。明治以降、多くの人たちが日本海は大陸が大きく陥没して海ができたと考えてきました。その陥没のでき方やどうしてできるのかに関しては説明がありませんでした。一方、物理学者で文学者でもあった寺田寅彦は、日本海の成因が「大陸移動」で説明できることを初めて提唱しました。「大陸移動説」は、一九一二年にドイツ人の気象学者アルフレッド・ウェゲナーによって提唱された考えです。今から二億年ほど前には一つの大きな大陸、超大陸が存在し、それがいくつもに分かれて現在の位置にまで水平方向に移動したという考えです。大陸は移動するという革命的な考えでした。しかし、ウェゲナーの大陸移動説は多くの人に反対されながら、彼は一九三〇年にグリーンランドの調査中に亡くなり、大陸移動説は一時消滅しました。寺田寅彦の発表はそれから四年後のことでした。

日本海が陥没でできたとする考えであれば、日本列島は昔から今の場所にあったことになりますが、大陸移動の考えでは日本列島は日本海ができる前には大陸の縁にあったことになります。大陸移動説は、その後、海洋底拡大説からプレートテクトニクスへと発展しました。日本海の成り立ちについて、現在では多くの地球科学者がプレートテクトニクスの立場を唱えています。日本海のでき方に関しても、さまざまな考え方があってこれも定説はありません。深海掘削で相当深くまで掘ってみても結論が出ないのです。

京都大学の乙藤洋一郎さんたちのグループは、一九八五年に古地磁気の研究により日本海が短い間に拡大したことを提唱しました。古地磁気とは、岩石に残されている過去の磁気的な性質のことです。日本列島の陸上にある岩石を調査したところ、東北日本と西南日本では異なった地磁気の方向が確認されました。岩石の年代測定を行うと、今から一五〇〇万年前頃を境にして、岩石に残されている地磁気の方向が劇的に変化したことが分かりました。東北日本に関しては、秋田県の男鹿半島に露出する岩石から、東京大学の浜野洋三さんたちのグループによって求められました。

これらのことから、今から二〇〇〇万年前頃にユーラシア大陸の東の端に大きな地割れができ、その後、現在の東北日本は反時計回りに、西南日本は時計回りに回転し、その空いた隙間に日本海ができ、日本列島は現在の位置まできたというわけです。

日本海の底にある岩石を採集してその年代をきめて解決しようという試みがなされました。一九七三年と一九九〇年に日本海で国際深海掘削計画による深海掘削が行われ、日本海の新第三紀の堆積物（岩）や岩石が採集され、その地層の積み重なり方や化石や地磁気、絶対年代などが明らかになってきました。しかし、日本海の形成に関する決定的な試料は得られませんでした。

日本海が海洋底の拡大、あるいはプレートの発散によってできたとすると、一番底にある基盤岩は海洋底を作る玄武岩でなければならないのですが、得られた玄武岩は岩床（シル）といって、堆積物が溜まった後にその堆積物中に堆積層に平行にマグマが貫入してできた岩石でした。このマグマが出てくるのは堆積物が溜まった後なので、年代は堆積物よりは新しくなければなりません。従って、岩床を作る玄武岩は日本海のできた年代を表わすものではなく、日本海がいつ拡大を始めたかに関する正確な年代は現在も得られていません。

日本海の成因についてはほかにもさまざまな考え方があります。それらは、大規模な地殻の陥没、通常の海洋底の拡大、大西洋や紅海などと同じ拡大、平行四辺形のように二つの向いあった面が断層でずれてできる、プルアパートベーズン（引っ張られて離れていく盆地）、どこか一点を中心とする扇のような回転などさまざまで、形成の年代と共にまだ決着はついていません。ただ多くの周辺の情報からおよそ一七〇〇万〜一五〇〇万年前の間に拡大したのではないかと考えられています。そして、それに先行してできたフォッサマグナに関しては北部と南部では異なった形成史をたどったことには異論は無いようです。二〇一五年に産業技術総合研究所の中嶋健さんは、これらの地域の年代や層序関係を詳しくレビューしました。その内容はここで述べているものと大筋は同じです（図6・1）。

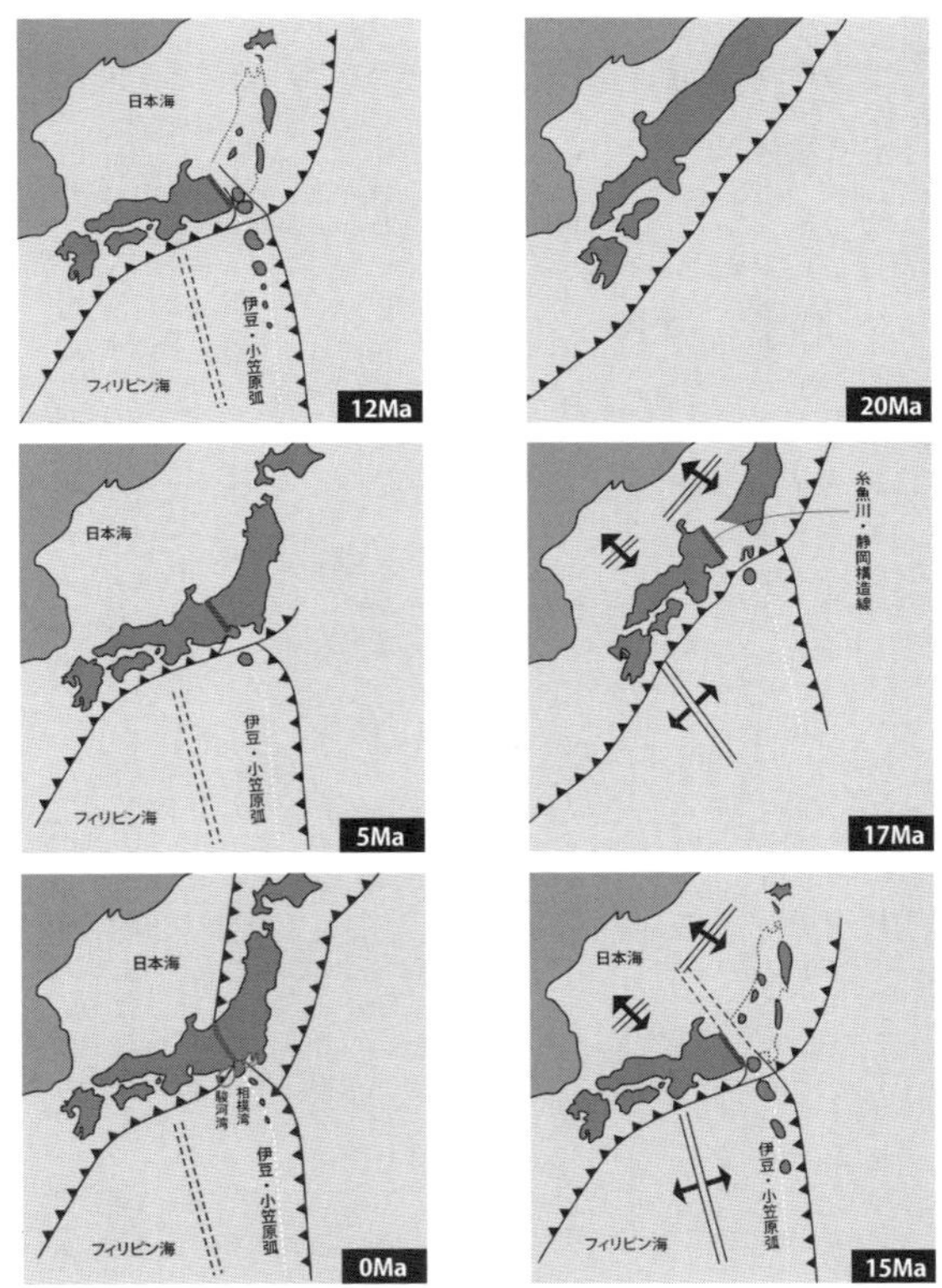

図６・１　日本海の拡大モデル
静岡新聞社発行『THE DEEP SEA 日本一深い駿河湾』を一部改変

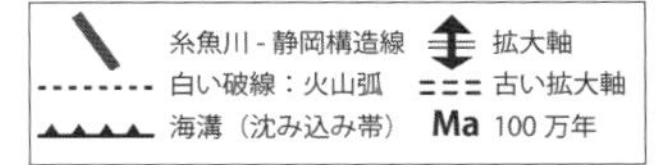

６枚の絵は、2,000 万年前（日本列島がまだ大陸の縁にあった時期）、1,700 万年前（大陸が割れて日本海ができ始めた時期）、1,500 万年前（日本海の拡大が終わった時期）、1,200 万年前（東北日本が一番沈んでいる時期）、500 万年前（丹沢の衝突期）、現在の相模湾と駿河湾を含む地域の変遷を示している。

北部フォッサマグナの形成

フォッサマグナが形成されたのと同じころに日本海の拡大が起こりますが、その時には東北日本に相当する部分の西の境界は糸魚川―静岡構造線になります。現在のフォッサマグナの北部では、東北日本で起こった一連の地球科学的な歴史をたどることができます。東北日本の発達史は秋田県の男鹿半島に露出している地層がその記録をよく残しています。そのために男鹿半島はジオパークになっています。地球科学的な歴史は、地層名を地域の名前から取って古い方から順番に、門前層（期）、台島（だいじま）層（期）、西黒沢層（期）、女川層（期）、船川層（期）、北浦層（期）、脇本層（期）と名付けられています。そして、そこで起こっているのと同じような地質現象がフォッサマグナの北部でも起こっています。男鹿の例を見てみましょう。

門前の時期（～二五〇〇万年前頃）には安山岩の陸上噴火が頻発します。それに続く台島期（二三〇〇万年前頃）では、石英安山岩の陸上火山が激しく活動します。西黒沢期（一七〇〇万年前頃）になると海が入ってきて全体が沈降を始めます。周辺の海底には礫や砂が溜まり始めます。玄武岩の海底火山の活動が起こります。同時に流紋岩の活動も起こります。海の深さはやがて深くなり女川期（一五〇〇万年前頃）にはきわめて細かい泥岩のもとになる堆積物が溜まります。秋田では寒流系の珪藻の化石がたくさん出てきます。南のフォッサマグナにあたる岐阜県の瑞浪市近くでは、瑞浪層群という地層から暖流の影響のある化石がたくさん出てきます。つまり西黒沢期から女川期にかけては、フォッサマグナは深くなりますが、黒潮のような暖流が日本海にまで入り込んでいました。やがて船川期（六〇〇万年前頃）になると海は少しずつ浅くなって砂が卓越してきます。北浦期から脇本期（第四紀、二五八万年前頃）になりさらに新しい鮪川（しびかわ）層以降は、もはや海ではなくて陸になります。東北日本が再び陸になったのです。

これと同様に北部フォッサマグナでは凹地ができて、そこが一旦地下深くにまで沈降します。その過程で礫や砂が凹地を埋め、さらに深くなってやがて泥によって少しずつ埋積され、隆起して浅くなり、ついに陸になっていきます。ところが南部フォッサマグナではもっと違うことが起こります。それはプレート同士の衝突です。

伊豆・小笠原弧の衝突

神奈川県の南には広大なフィリピン海が広がっています。フィリピン海の海底は一つの海洋プレート、フィリピン海プレートを形成しています。フィリピン海プレートはその真中を通る、九州から南のパラオ諸島へつながる九州―パラオ海嶺によって、東側の四国海盆（北側）・パレスベラ海盆（南側）と西側の西フィリピン海盆とに分かれます。

今から五〇〇〇万年ほど前に西フィリピン海盆が南北に拡大し、三四〇〇万年前頃に拡大は停止します。その後二五〇〇万年前頃から一五〇〇万年前頃に今度は四国海盆やパレスベラ海盆が東西に拡大したことが、地磁気の研究や深海掘削の結果から分かっています。四国海盆の拡大が終わった一五〇〇万年前頃からフィリピン海プレートの運動の方向が北向きへと変わって、日本列島の下、主に西南日本の下へと沈み込みを始めます。その結果、フィリピン海プレートの上に載っている伊豆・小笠原弧の島が次々と南部フォッサマグナ地域へと衝突し、巨摩山地、御坂山地、丹沢山地や伊豆半島であった伊豆島が付加していって陸地となっていきました。このような衝突と付加という現象は、北部フォッサマグナには見られません。衝突と付加は北海道の真中にある日高山脈がそうで、一三〇〇万年前頃に東北海道と西北海道が、中央にあった神居古潭（かむいこたん）海溝で沈み込み、衝突してできたものです。

地球上で衝突・付加の最大のイベントは、インド亜大陸のユーラシア大陸への衝突です。インド亜大陸は南極から離れて急速に北上し、今から五二〇〇万年前頃にユーラシア大陸に衝突してヒマラヤ山脈が形成されます。伊豆で言えば周辺の丹沢山地や天守山地でしょうか。衝突の年代はちょうど伊豆・小笠原弧に最初の海底火山ができた頃、太平洋プレートの運動の向きが変わった頃で、これらの現象は地球規模で大きく関係しているようです。

最後の衝突

地球科学の分野で言うこのような衝突は、高速で走っている車同士がぶつかるというイメージではなくて、一年間にわずか四センチメートルの速度で移動するので、亀が歩くのよりも遅いのです。それでも衝突と言っています。イメージとしてはゆっくりと合体していくという感じです。それは南極から分かれて北上したインドが、ユーラシア大陸に衝突・合体するのと同じです。インドプレートはもっと速く移動したようなので、衝突という言葉が適当かもしれません。そして、ぶつかった所にはヒマラヤ山脈という世界の屋根がそびえています。伊豆が衝突しているところにあるのは丹沢山地で、その背丈は現在では一七〇〇メートルくらいしかありませんが、もとはもっと背の高い山脈だったと考える人が多いです。山が低くなっているのは侵食、削剥によって削られたからです。その削りかすは河川によって運ばれ相模湾へと溜まっていったのです。相模湾の底には第二章でみたように、二〇〇〇〜四〇〇〇メートルもの厚さの砂や泥が溜まっていることが音波探査の結果分かっています。単純に溜まった堆積物を丹沢山地に上乗せすると、丹沢山地はできた時には六〇〇〇メートルもの大山脈になります。これが、南部フォッサマグナができてきたシナリオです。

相模湾と駿河湾の形成

相模湾と駿河湾はこの南部フォッサマグナで「最後の衝突」の時に同時にできたのです。伊豆島の本州への衝突以前は、南海トラフは現在よりももっと東へとつながっていて、相模湾と駿河湾は一続きの海溝になっていました。その間に伊豆島がはいり込んで、それが本州へと衝突したために伊豆半島になって、そこにあった海溝は駿河湾と相模湾の二つに分かれたのです。富士山の北にある富士五湖がかつては四湖だったのが、富士山の八六四〜八六六年の貞観の噴火の折に大量のマグマが北へ流れ、そこにあった「剗（せ）の海（うみ）」という大きな湖の中に流れ込み、西湖と精進湖の二つに分かれた話と似ています。

第七章

相模湾を取り巻く博物館とジオパーク

ガラス海綿　JAMSTEC 提供

第三章で相模湾を取り巻く水族館を見てきましたが、博物館もいくつかあります。また最近はやりのジオパークもいくつかあります。相模湾を理解するためにこれらの博物館や水族館の学芸員や飼育員の人たちと集まって情報を交換する会を持ちました。それは私がJAMSTECにいた時に、当時の広報課長であった田代省三さんと始めたもので、名前を広報にちなんでKO-OHO-O（こおほお）の会としました。KO-OHO-OはKey Observation and Outreaching of Hidden Ocean and Organismsからとったもので、相模湾の生物や地形・地質を理解するためにJAMSTECの船舶を使って博物館や水族館の方たちと共同で調査（KO-OHO-Oの航海）を行うという活動でした。この会には水族館としては新江ノ島水族館、京急油壺マリンパーク、横浜・八景島シーパラダイス（今は参加していない）、葛西臨海水族園が、博物館としては神奈川県立生命の星・地球博物館、平塚市博物館、横須賀市自然・人文博物館、千葉県立中央博物館などが参加しました。水族館に関してはすでに見てきたので、ここでは博物館を見ていきましょう。

神奈川県立生命の星・地球博物館

横浜の馬車道にある神奈川県立博物館（現神奈川県立歴史博物館）の自然史部門が独立する形で、小田原市入生田に建てられた神奈川県立生命の星・地球博物館（写7・1）は、地球四六億年の歴史と神奈川県の地質や自然をテーマにして一九九五年にスタートしました。現在の館長もKO-OHO-Oの会のメンバーで、調査船「なつしま」に乗船し無人探査機「ハイパードルフィン」によって相模湾の中を覗いてこられました。もう開館してから二〇年になりますが、地球の歴史をテーマにした博物館は、当時としては斬新で次々に明らかにされる地球史の研究成果を取り入れて最先端の展示を行ってきました。

写7・1　神奈川県立生命の星・地球博物館

箱根登山鉄道の入生田駅から館へ向かうと、美濃の層状チャートのレプリカが見えますが、その反対側にはストロマトライト（シアノバクテリアの化石）がさりげなく置かれています。館に入るとまず天井から吊るされたプテラノドンがお迎えしてくれて、大きな魚の化石が目に入ります。立ちはだかるヒグマの姿も驚きです。常設展に入場すれば地球のでき始めた頃の話が展開されています。展示は「冥王代（めいおうだい）」（四六～四〇億年前）と呼ばれる、地球の歴史の中でもいまだに解明されていない時代の出来事から始まります。地球が隕石の集合体からできて、隕石の衝突によって一旦どろどろに溶けたマグマオーシャンの頃から、それが冷えてやがて海ができて堆積岩ができるころまでが展示されています。地球の歴史の初期のころの展示は世界的に見ても斬新なものでした。

続いて、生命が誕生してシアノバクテリアが酸素を放出し、海水中に存在していた二価の鉄が酸化されて海底に沈殿し、赤茶けたBIF（Banded Iron Formation、縞状鉄鉱層）と呼ばれる鉄の塊ができたことや、ヒマラヤがかつては海であって海の堆積物がその頂上まで押し上げられた話が、垂直な壁になったアンモナイトの化石をいっぱい含んだ地層と共に展示されています。カンブリア紀以降の生物の化石が展示されていて地質時代と生命の進化がよく分かります。また、二階には神奈川県で産出するさまざまな岩石と神奈川県の地質の発達史が展示されています。それは六章で述べてきた神奈川の大地の生い立ちを語る貴重な資料です。相模湾の生い立ちに関する本もいくつか出版されています。

生命の星・地球博物館は箱根火山の麓にあるために箱根ジオパークを立ち上げるときに、すぐ横にある神奈川県温泉地学研究所と共に要として活躍しました。

平塚市博物館

平塚市博物館（一九七六年開館）はＪＲ平塚駅の北側、古い砂丘列上に建っています。相模湾や相模川とその周辺の地形や地質、そして関係する自然や歴史・文化を扱っています。中でも相模湾やそれに注ぐ相模川とその周辺の地質に力点が置かれています。「相模川の生い立ちを探る会」という会があり、学芸員とボランティアでもう二〇〇回以上も巡検（地質の遠足）が持たれ、平塚周辺の地質がほとんど明らかになっています。平塚市博物館の学芸員もKO-OHO-0の航海に参加し、相模湾のあちこちをハイパードルフィンで眺め、その結果を展示などに取り入れています。また茅ヶ崎の沖合にある小さな島、姥島（烏帽子岩）に露出する複雑な地層の研究もしています。

最近では、相模湾に津波が起こった時に平野のどこまで津波が来るか、平塚のどの場所の地盤が安全で、どの場所に液状化が起こるかなどの解析をしています。そして、将来は平塚に、後に述べるようなジオパークを作るべく努力しています。ここには天文関係の部署もあってプラネタリウムがあります。太陽の黒点を常時観測しています。また、植物や東海道に関係した遺跡や民家などの展示もあります。圧巻なのは、さまざまな石材や岩石を一辺が一〇センチメートルの立方体に切ったものに持つところをつけて、岩石の密度を体感することができるようなものがあります。花崗岩や玄武岩ではその密度が違うことが分かります（写7・2）。

写7・2　岩石の密度を体感できるブロック　平塚市博物館協力

横須賀市自然・人文博物館

横須賀市自然・人文博物館は三浦半島や横須賀市周辺の地質を解説するために建てられたものです。地質だけでなく昆虫や植物、ダニやホタルなどの研究でも有名です。館の入り口にはシロウリガイの化石の入った巨大な試料が展示してあります（写7・3）。館に入るとナウマンゾウの骨格標本があり、相模湾の三次元立体地形の模型が展示されています。三浦半島に出てくるさまざまな岩石や化石の展示とそれらがどのようにしてできたのか、

写7・3 館の入り口にあるシロウリガイの化石　横須賀市自然・人文博物館協力

三浦半島の発達史がきわめて分かりやすく書かれています。学芸員もKO-OHO-Oの航海に参加し、海の堆積物を柱状にとった試料を初めて目にしました。またその試料をはぎとる方法を発明しています。

横須賀市自然・人文博物館は、三浦半島の西海岸の天神島に実習の場を持っています。天神島はハマユウの北限地でもあって植物がよく育ちますが、海の生物そして三浦半島の地質がよく観察できます。火山豆石という火山灰が湿った空気により空中であられや雹（ひょう）のような玉になって降り注いだ、珍しい噴出物を含む地層が見られます。まさに地形・地質、生物など博物

学の生きた実習場として優れています。私も何回か学生を連れて実習に行き、地質と生物の解説をしてもらったことがありました。海岸に面したもので水族館と一緒にあればもっと素晴らしいと言えます。同様に京急油壺マリンパークには周辺に地質として重要な場所がたくさんあってこれらを一緒にすればいいと思っていました。

千葉県立中央博物館

主に千葉県の自然誌や歴史、特に房総半島に関する地形や地質が扱われています。もともと三浦半島と房総半島は地質的にはよく似ています。近くを黒潮が流れているためでしょうか。房総半島にはその南部の嶺岡山系に蛇紋岩を主体とする古い地質帯、嶺岡帯が分布していますがこれは三浦半島の葉山帯とほぼ同じものです。嶺岡帯の南には付加体が発達し、北には浅い海に溜まった新しい堆積物が露出しています。この関係も三浦半島とよく似ています。そしてこれらの地質帯を作る地球科学的な原因に関する展示をしています。

写7・4　三重会合点海底地形立体模型
千葉県立中央博物館提供

学芸員の方は石の熱心な研究者でKO-OHO-Oの航海にも参加し、とりわけ房総半島の南沖の海底谷の航海では陸上との関係で活躍しました。海に関心の深い学芸員の作った展示に、巨大な三次元立体模型で、房総半島沖にある海溝の三重会合点から関東平野までの陸上と海底の地形の立体模型があります（写7・4）。この地形図は一九八四年に行われた日仏海溝計画の際に日本とフランスが共同で日本周辺の海底地形を調査した折の成果で、これが大きなジオラマになっていました。この模型を見ると房総半島を含む関東地方が地球科学的にいかに複雑な地域であるかがよく分かります。地質以外には野外に広い生態園があり、植物や深海魚を研究している人もいます。九十九里浜の砂の挙動や堆積現象を理解するための室内での水槽実験なども行われています。

ジオパークとは

ジオパークとは耳慣れない言葉ですが、ジオは地質のこと、パークは公園なので地質の公園という意味です。もとはユネスコの世界遺産から始まります。現在ではアメリカ以外の国がたくさんの世界遺産を登録しています。

二〇〇四年にユネスコの支援の下に世界ジオパークネットワークが立ち上がりました。二〇〇九年のユネスコの国際年、「国際惑星地球年」の折に、日本では貴重な地層を取り上げてジオパークが立ち上がりました。最初は、新潟県糸魚川のフォッサマグナミュージアム、長崎県島原の雲仙、北海道の有珠山など五つが名乗りを上げました。その後、次々と登録され、現在では日本で三九（二〇一五年十一月現在）のジオパークができています。それらは、世界ジオパークとして洞爺湖有珠山、糸魚川、山陰海岸、島原半島、室戸、隠岐、阿蘇、アポイ岳の七つ。日本ジオパークとして白滝、南アルプス、伊豆大島、恐竜渓谷ふくい勝山、霧島、男鹿半島・大潟、磐梯山、茨城県北、下仁田、秩父、白山手取川、ゆざわ、箱根、八峰白神、銚子、伊豆半島、三笠、三陸、佐渡、四国西予、おおいた姫島、おおいた豊後大野、桜島・錦江湾、とかち鹿追、立山黒部、南紀熊野、天草、苗場山麓、栗駒山麓、Ｍｉｎｅ秋吉台、三島村・鬼界カルデラの三一のジオパークがあります。そして、これからジオパークを目指す地域が目白押しです。まだ都道府県の数四七には足りませんが、やがて五〇になるでしょう。それでも秋田県のように一つの県で四つもあるところもあります。ちなみにアメリカにはジオパークは一つもありません。これはアメリカにはNational Parkがたくさんあって今更ジオパークもないものだと考えているためでしょうか。

　ジオパークとは言ってみれば地質遺産です。地域の地質を分かりやすく解説して多くの人に見てもらって教育の糧にする、また観光の資源にするなど研究者だけではなく地方の自治体と一体になって一種の町おこしにも使われています。これは世界遺産ともよく似ています。世界遺産イコールジオパークではありませんが、どちらにもなっているところもあります。また、ジオパークはその地域がどのように意義のある地層や岩石を持っていて、それはどのようにしてできたのかなどを実際に野外に地層を見学しながら見ていくものです。そのための巡検も持たれていて、こんな石にそんな意味があるのかと勉強にもなります。

相模湾を取り巻く地域にはまだ三つしかありません。それらは伊豆半島ジオパーク、箱根ジオパーク、そして伊豆大島ジオパークです。東京都は伊豆大島一つです。神奈川県も箱根一つだけです。まだまだジオパークになったほうがいい、しなければならない地域はいくつもあります。

伊豆大島ジオパーク

伊豆大島ジオパークは伊豆大島全体が生きた火山の博物館として活用されています。伊豆大島は火山島として一万年以上前から活動しています。その基盤は湯ヶ島層群と言って伊豆半島や箱根の火山の基盤にもなっていますが、海底火山の堆積物を主としたものです。つまり今から一五〇〇万年以上前から海底火山活動が起こっていたのです。その上に第四紀の火山が載っているかたちで、これは三つのジオパークに共通しています。

伊豆大島は一万年前からの活動がボーリングによって確かめられていますが、まだ現在のような山体のほんの一部です。西之島のように海底火山から島になるためにたいへんな努力を重ねて島になりました。溶岩と火山灰を何度も噴出し続けた結果です。海面すれすれにまで成長しても火山灰では波の侵食で削られてしまいます。硬い溶岩が出て初めて島になりうるのです。現在は海抜七五八メートルの成層火山です。溶岩は島の西側に多く、東側には火山灰が多いために全体として東が膨らんだようなかたちをしています。

一番最近の噴火は一九八六年の噴火で全島民が避難しました。中心噴火と一部側火口からの噴火で溶岩が山腹を下って流れました。その様子は、夜になって伊豆半島の稲取や伊東からよく見えたとのことです。現在はもちろん活動は収まっていますが、今後やはり数十年という間隔で活動が起こるのでしょうか。

伊豆大島ジオパークで観察されることは、海洋の火山島の成長の様子が分かることです。ガラパゴスの島々では島ごとにフィンチのくちばしが異なること、ゾウガメの形態が違うなど、孤島の生物の進化の様子が最初からモニターできるという利点があります。西之島は今後どのようになるのかに関しても、ある程度の予想が立つでしょう。伊豆大島はいわば天然の火山博物館です。しかし日本のジオパークの多くが火山をテーマにしています。このことは地域としてはいいのでしょうが、日本全体としてはどうでしょうか。日本にはいろいろな火山があって、みんなでき方が違うという印象を持つのではないでしょうか。あるいは賢明なジオパーク愛好家が比較火山学のような眼で、火山を見てくれるといいのですが。

伊豆半島ジオパーク

伊豆半島ジオパークは伊豆半島全体が公園で、強味は南からきた火山島です。伊豆大島より大きいのでその様相は東西南北さまざまです。そして火山活動の時代もいろいろです。大きく見ると、伊豆半島が南にあった時には古い湯ヶ島層群という海底火山活動を主体とした堆積物が溜まって、伊豆島が北へと移動すると比較的浅い白浜層群という地層が溜まり、第四紀になって現在の天城山などに見られる火山の活動が頻繁に起こって、やがて伊豆島は本州にくっ付いてしまって伊豆半島になります。一〇〇万～六〇万年前の出来事だと言います。これらの地質の変化に対応していろいろと面白い露頭がたくさんあります。特に伊豆半島の場合には金の鉱山が存在して、これを掘っていたことがあります。その金山も、ジオパークに入っています。西海岸には、放射状の柱状節理や、浄蓮の滝には顕著な柱状節理があります。

また、大室山のような単成火山があったり、さらに一碧湖のような噴火口に水が溜まったものや、城ヶ崎海岸の大きなポットホール（甌穴（おうけつ））があります。車で移動するならこれらのものを短い時間で観察することができます。しかし、このジオパークはあまりに広いので全体を巡るにはやはり二泊三日くらいの日程が必要です。次にふれる箱根も伊豆大島もそうですが温泉がいたる所にあり、観光的な雰囲気もあってなかなかのものです。

箱根ジオパーク

箱根ジオパークは、箱根山を中心とした神奈川県西部の一市三町（小田原市、箱根町、真鶴町、湯河原町）で構成されています。箱根火山とそれに関係した温泉や側火山などです。また、箱根火山が面する相模湾は豊かな海洋生物が棲息し、箱根山周辺（箱根仙石原湿原植物群落ほか）には固有の植物や、箱根の名がつく動植物が見られます。また、真鶴半島にある「真鶴町立遠藤貝類博物館」や箱根町仙石原の大涌谷「箱根ジオミュージアム」などの施設で海や山の魅力を紹介しています。

箱根は一九五〇年代に活躍された東京大学の久野久さんが長年研究された三重式火山と呼ばれるものでした。久野さんの考えは箱根火山の基本は中心噴火で、カルデラを作って陥没し、その後にまたマグマが出てというモデルでした。しかし最近になって、これはどうやら中心噴火ではなくていくつも火道（マグマの通り道）を持った火山活動であったのではないかと言われています。どちらが正しいかは地球科学の分野ではなかなか断定しにくいものです。

箱根では過去の噴火活動が富士山と同様に江戸や関東平野にも影響を与えています。箱根で噴火して西風によって飛んできた火山灰が関東平野のローム層として厚く堆積しています。そういう意味では箱根火山は活動を始めると、火山灰が東京へ飛んでくるので今後の動静がきわめて重要です。

バイオジオパーク

相模湾の周辺には伊豆半島ジオパーク、箱根ジオパーク、伊豆大島ジオパークがあります。それらを概観してきました。相模湾はジオパークにはならないのでしょうか。これまでに見てきたように相模湾には多くの生物が棲息しています。それらの生物が棲息するには地層や海流などさまざまな地球科学的な要素がからんできます。

そのためにバイオパークがあってもいいし、ジオパークがあってもいいのですが両者は切っても切れない関係にあるのだからいっそのこと両者を一緒にしてバイオジオパークにしてはいかがという発想です。陸上であれば植物や動物、そして気象など地質と関係の深いものがたくさんあります。そういう点では博物学と言っていいでしょう。

大磯、平塚、藤沢、鎌倉など沿岸にはジオパークはありません。三浦半島や丹沢山地、房総半島にもジオパークはありません。もしこれらのジオパークができれば相模湾は周囲をジオパークで囲まれます。相模湾を取り巻く地域には地質図ができています。これらの地質図は残念なことに書いた場所も年代も、著者もすべて異なるために、もし地質図をくっ付けて見ても繋がりません。KO-OHO-O の会の地質班ではこれらの地質図を全体として通して見られるようにコンパイル（編集）しました。細かい地層名などは無視して大局が把握できるようにしたのです。

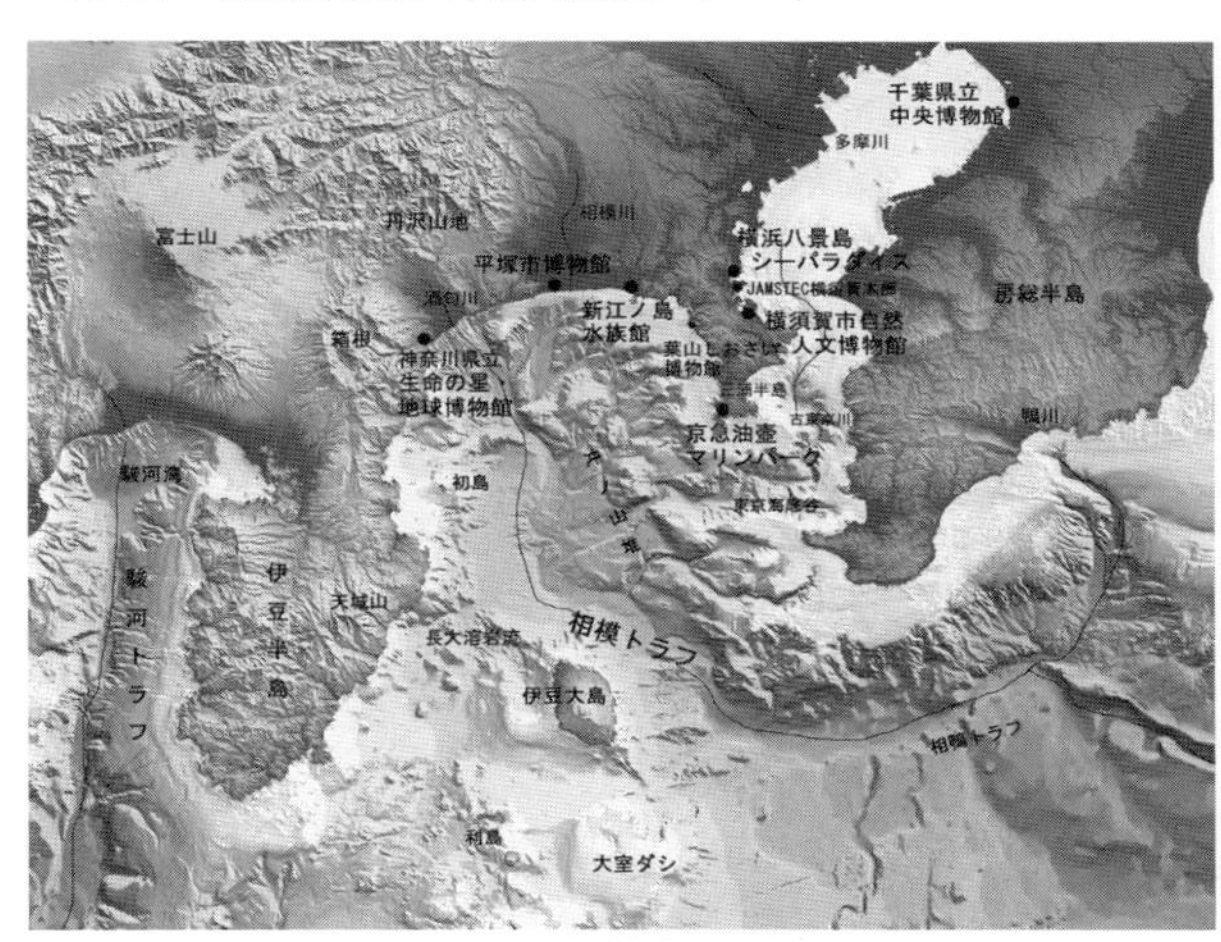

図７・１　相模湾の総合図
JAMSTECの海底地形図を使用。著者作成

相模湾を取り巻く地域には西から「神奈川県立生命の星・地球博物館」、「平塚市博物館」、「横須賀市自然・人文博物館」、「千葉県立中央博物館」があります（図７・１）。ここに勤める学芸員には博士号を持った研究者が何人もいて、大学や研究所の研究者などを集めた勉強会、「湘南地球科学の会」というのを一九九二年から始めてきました。この会のメンバーが実はKO-OHO-Oの会のコアメンバーなのです。そして今回このような地質図をKO-OHO-Oの会の地質班で作ってみたのです。

それぞれの博物館には当然ですがその地域に根差した大きなテーマがあります。それは房総半島であったり、きわめてローカルなものです。学芸員はそのローカルな現象をもう少し広域に広げて見て、また元のローカルなものに還元するよう努力しています。今回のように相模湾を取り巻く地域全体を見るのはより広い範囲を見ることになりますが、さらに中部日本全体、そして日本列島全体の中でローカルなものはどのような位置を占めるのかなど、少しずつその範囲を広げていくと、今まで気が付かなかったようなより広い視野で、ものを見ることができるようになるでしょう。そして、最後には地球全体から見たらどうなのだろうということになります。地球全体から見るというような視点は、グローバルに物を見るということになります。

グローバルという視点はガガーリンが人類として初めて地球をその外、宇宙空間から全体として眺めたのが最初です。その時彼は地球にはどこにも地図に引かれた国境線が無いことに気が付きました。地球を全体的に眺めることから、地球システム科学というような学問が生まれてきました。一方で、地域に根差した研究や観光はもちろん必要です。しかし、地域だけを見ていたのではいかにも視野が狭く、地域の外からその地域を見ることはできません。ローカルなものを対象にしながらそれをグローバルな視点で見るという「グローカル」という発想がこれからは必要ではないでしょうか。

さらに今まで見てきたように平塚・藤沢、横須賀と三浦半島、房総半島にはまだジオパークはありません。これができないとKO-OHO-Oの会で作成した相模湾を取り巻く地域の地質図は生きてきません。これらの地域をぜひジオパークにしてほしいものです。KO-OHO-O の会のメンバーや学芸員の方々の努力によってこれらの地域にジオパークができることを期待します。

相模湾をメガバイオジオパークに

今までお話ししてきたように、現在相模湾の周辺にはジオパークは三つしかありません。しかし、将来、先に述べたような努力が実って平塚や藤沢、三浦半島そして房総半島とジオパークができてくると、相模湾はジオパークによって囲まれます。それぞれのジオパークが独立しているのはいいのですが、ローカルな特色だけではどうでしょうか。いっそのこと相模湾と周辺のジオパークを全部含めたメガジオパークとでもいうものにしてしまってはどうでしょうか。

相模湾を理解するには相模湾の中だけではなくて、その周辺の地質や地形が必要です。それが無ければ相模湾の成り立ちは分かりません。箱根のジオパークを真に理解するには箱根だけでなく、周辺も含めた広域的な理解が必要です。そこでこのような考えが生まれてくるのです。

大きなジオパークを作ることは発想をより広くするということが重要ですが、ジオパークだけでいいでしょうか。相模湾が入った場合にはそこにはたくさんの生物が存在しています。生

図7・5　相模湾庭園　著者撮影

物は地質とは無関係ではありません。地球の歴史を見た時に、環境の変遷によって生物は絶滅したり、逆に生物が地球の環境を大きく変えたりしてきています。これを生物と地球の共進化と言っています。ジオパークにもこのような発想は必要だと思います。生物も入れることによって環境という要素も入り込んできます。そうするとジオとバイオとエコの入ったエコバイオジオパークといったようなものになってしまいます。これでは長すぎるのでエコは生物に含まれるとしてバイオジオパークというものにならないでしょうか。そうです、相模湾をメガバイオジオパークにしたいものです（写7・5）。ただ陸上は深海底に比べるとアクセスするのは簡単です。道が無いところでも歩いて辿りつくとこができます。しかし、深海底にはアクセスするのはきわめて大変です。そこで潜水船や無人探査機を使うことになります。いろいろ工夫することによってメガバイオジオパークは可能だと思います。

博物園の構想

水族館が海洋生物のみのものや淡水生物のみのもの、博物館がその地域の地質のみのものであること、動物園や植物園などがそれぞれ動物や植物だけを置いて運営しているのはどうなのでしょうか。もちろんそれぞれの館にはその館独自のものがあり、大きな成果が得られてはいます。動物園で棲息している動物と自然の関係が知りたくなっても、原産地の地形や地質を知りようがありません。深海底にいる魚を淡水魚の博物館では知りようもありません。しかし、これらのものがすべて一緒になった水族、動物、植物、天文、気象、鉱物、岩石を含めた博物館のようなものがあってはどうでしょうか。地球のミニチュアのようなものがあれば素晴らしいと思います。我々は地球を外から眺めることはないでしょう。世界で何人かの人が地球を外から眺めています。何人かの人が深海底へと行っています。宇宙へ出かけた宇宙飛行士と深海へ行ったパイロットや研究者の数を合わせても世界中で一〇〇〇人にも満たないでしょう。世界の人口の七〇億人のうちの一〇〇〇人です。もっと多くの人たちがいろいろな世界を見てほしいものです。

私の住んでいる八王子市のとなりの日野市に多摩動物公園があります。また博物館は西東京市の多摩六都科学館、府中市の郷土の森博物館、八王子市内にはコニカミノルタ サイエンスドーム（八王子市こども科学館）、八王子市郷土資料館などさまざまなものがありますが、これらを一か所に集めてしまうことはできないものでしょうか。ただ八王子には残念ながら海がありません。八王子の真南にあるのが平塚です。あるいは藤沢や江の島でしょうか。海を見るためにはそこまで数十キロメートルを一時間以上かけて行かねばなりません。先日、日本大学でウナギの展覧会がありました。私の東大時代の友人の塚本勝巳さんが行っているウナギの研究です。これは世界的な研究ですが、それを海からだいぶ離れた藤沢市亀井野でやっていました。これが川とか海が近くにある場所であれば実感が湧くのにと思いました。

一つ一つのものを見るために東へ西へと行かねばなりません。これでは不便というよりは生物が自然の中で棲息しているものを見るということにはなりません。テレビでアフリカの野生の動物のドキュメンタリーなどが人気があるのは、我々が日常これらのことを経験できないという側面があるからだと思います。深海底でもそうです。

山と海と川が比較的近くに見られる場所に東京ドームの三倍分くらいの土地を購入して、そこに水族館、動物園、森林植物園、美術館、そして博物館などあらゆる自然誌の設備を盛り込んでみてはどうでしょうか。都民の森のように山に登って森林や滝を見て鍾乳洞を探検し、海で魚を見、周辺の鳥や植物をめでて動物を眺める。昆虫の生態を観察したりするということが、今の子供たちにはたいへん重要なことではないでしょうか。

さらに私は、一つの県をまるごと自然園にすることを勧めます。それは海と山と川のある県です。そのような構想は夢でしょうか。実は、相模湾メガバイオジオパークはこれらのことをすべて満足できる公園になるのではないでしょうか。相模湾という世界にもまれな生物の宝庫である深海があり、すぐその陸には箱根や丹沢という山や、相模川や酒匂川という川があり、ズーラシアという動物園があり、横浜自然観察の森が横浜市の南端、鎌倉市との境にあります。これら全部をひとまとめにして自然園にしてはどうでしょうか。神奈川県は素晴らしい県です。

このような構想は日本に三つある深海湾を持つ県で可能です。駿河湾を持つ静岡県、富山湾を持つ富山県には作ることができます。これが、最初にお話しした日本に深海湾が三つあるという話に結びつくのです。

第八章

相模湾はなぜ生物が多様なのだろうか

ナマコ　JAMSTEC 提供

生物が多様な条件の概略

これまでに相模湾をいろいろな角度から見てきましたが、ここで少し考えてみたいことがあります。それは、なぜ相模湾にはこのように生物（生物種、量）が多いのでしょうか。また、相模湾はなぜこのように風光明媚（地形や地質）なのでしょうか。という問題です。このことについては今までの章を読んでこられた方々にはすでにお分かりのことと思われます。

順を追って見ていくと、まず相模湾というやや閉じた円形の湾ができたことがあげられます。地形に関係して、その湾の水深が一〇〇〇メートルを越える深海湾であること、湾の中に地形的な高まりや溝があること、地形的に浅い部分、大陸棚があること、などがあげられます。次に、相模湾へ陸から河川によって淡水が運び込まれそれと共に大量の土砂が流れ込み、それに伴って有機物が海に運び込まれることがあげられます。さらに、周辺の地層からの地下水が入り込むこと、湾の中には周辺の海から暖流や寒流が流れ込むことがあげられます。そして、海底火山からのガスや水などの流体の供給があること、断層によって地下からさまざまな物質が湧出してくること、堆積物が還元的な状態で、堆積物中に含まれる有機物から硫化水素やメタンが形成され、それが湾に供給されることが考えられます。また、地殻変動によって隆起や沈降が起こり気候変動で海面が上下し、その結果として海岸線の形が変わることなどがあげられます。

以上述べてきたような条件が相互に深く関係しあって、相模湾の生物の多様性の原因を作っているのではないかと考えます。これらの事柄をもう一度ゆっくり見ていきましょう。

相模湾の形と砂や泥

相模湾は、深海と浅海が同居する直径七〇キロメートルほどの円形の閉じた湾で、湾の中央にはフィリピン海プレートとユーラシアプレートの境界である相模トラフがあり、水深が最も深く谷のような地形になっています。相模湾の東部には、地形的な高まり（浅瀬）である沖ノ山堆列が北西―南東方向に並んでいます。その高まりの列を切るように、多くの東西方向の海底谷が走っており、三浦半島の土砂や有機物を相模トラフへと運んでいます。北側の陸の小田原近辺には、プレート境界を形成している酒匂川があり、大雨によって川が頻繁に氾濫して大量の土砂や有機物を相模トラフへと運んでいます。普通、深海底に棲息する生物にはほとんど栄養が届かないのですが、相模湾の場合には浅海から深海までの距離が短いので、比較的多くの栄養物が深海にまで届きます。これは駿河湾も富山湾も同じです。

そこでまず相模湾という器の形ができた話です。最近の地球科学的な研究から、相模湾ができたのはおよそ一〇〇万年前のこととされています。北上する伊豆島を載せたフィリピン海プレートが本州（ユーラシアプレート）に衝突・合体（付加）して、当時一連のものであった駿河湾と相模湾（相駿湾とか相駿トラフとも呼ぶべき沈み込み帯）が二つに分断され、現在に近い相模湾の原型が形成されました。

相模湾の形が円形に近いのは、東西南北を陸が取り巻いているためと、湾の表層を流れる海流によって海岸が侵食されるためです。これは富山湾でも同じです。相模湾の西側には、伊豆半島があり、古い地層を基盤にして第四紀の海抜一四〇〇メートル以上もある火山、天城火山がそびえています。今まで見てきた伊豆島が伊豆半島となって新しい火山を形成して西側を塞いでいます。北側は平塚の海岸線に平行な砂丘群でできた広い平野が、沿岸流によって侵食されているために海岸は後退しながら、海岸線は円形に侵食されています。東側は三浦半島の古い地層が小高い段丘を形成して塞ぎ、南には伊豆大島という火山島ができて狭い海峡を残して南側を塞いだ形になっています。伊豆大島は玄武岩の活動が一万年前頃から始まって、現在は海抜七五八メートルの三原山になっていますが、その両側は黒潮や親潮などの流入の障害になっています。そのために相模湾は全体として直径七〇キロメートルほどの円形の形になっているのです。円形であるために中を流れる水は時計回りに、あるいは反時計回りに円運動をするようです。これが海岸を侵食しているのです。

相模湾の中の鉛直方向の凹凸は海底谷や地形的な高まりによって特徴づけられています。相模湾の海底地形は、中部にプレートの境界である相模トラフがあって、水深はあっという間に伊豆大島の東で二〇〇〇メートルを越えます。中央部は沈み込み帯そのものです。フィリピン海プレートと北米プレートの境界です。ここではプレートの沈み込みと横ずれが起こっていて、水深は堆積物による埋積があっても深くなります。西部には主に火山である海丘群（東伊豆沖海底火山群）がたくさんあって、底層水の流れを複雑にさせています。東部には断層と地形的な高まりである沖ノ山堆列があり、東側の堆列を切る海底谷はすべて陸上の活断層につながるために、主に横ずれの断層になっています。相模湾の海岸の縁にある水深一〇〇メートルほどの浅い大陸棚は、海水準変動によってできた平坦面で、主に寒冷な気候の時期に海面が下がって陸すれすれになった時に波浪の侵食によって平坦になったものが、のちの海面変動や地震によって隆起したり、沈降したりしたものです。相模湾には水深の浅い大陸棚から深いトラフまであるために、浅瀬に棲む生物から深海魚までが棲息できる広い空間があります。これは水深が一〇〇メートルほどしかないほかの湾に比べて生物にとってはたいへん有利です。

相模湾を埋める土砂

本州と合体した伊豆島は伊豆半島になりましたが、フィリピン海プレートのさらなる運動につれて北上を続け、現在では四四キロメートルほどユーラシアプレート側に食い込んでいます。いずれその前面には付加体からなる山ができていくでしょう。伊豆島の衝突以前の四〇〇万年前頃には、丹沢山地が現在の伊豆半島と同様の位置にあり、丹沢島が丹沢半島になり、その後丹沢山地になりました。丹沢山地の北にある甲府の花崗岩、櫛形山や甲斐駒ケ岳などに点在する花崗岩の岩体は、一七〇〇万〜一〇〇〇万年前からこのような火山島が本州に衝突した結果、地殻が溶融してマグマが地表付近へ上がってきてできたものです。これらの花崗岩体や山が上昇して高い山脈を形成すると、山は風化・侵食されて、その結果、河川によって礫や砂や泥が海へと運ばれていき、海の中に堆積物として溜まります。陸が削られて砂や泥または有機物がどんどん海へと運ばれます。これは海洋のみならず陸の生物の棲息にも大きな影響を与えます。それは陸の環境も大きく変わるからです。六〇〇〇メートルもあった山が二〇〇〇メートルにもなれば棲息環境は大いに変わるでしょう。

このことはもう少し規模の大きいものを想定すると、分かりやすいと思います。それはインド亜大陸とユーラシア大陸の衝突です。ヒマラヤ山脈はインド亜大陸が南極から離れて北上し、今から五〇〇〇万年ほど前にユーラシア大陸に衝突し、その間にある海底に溜まっていた堆積物が付加作用によって、徐々に上昇して高い山脈、ヒマラヤ山脈になりました（図8・1）。そして高くなった山脈から侵食された砂や泥は、ブラマプトラ川やガンジス川によってヒマラヤ山脈の前面のヒンドスタン平原やベンガル湾に運ばれました。ベンガル湾は日本海に匹敵するほどの大きさの湾ですが、ベンガル湾の底には九〇〇〇メートルもの厚さの堆積物が溜まっていると言われています。単純に厚さ分の砂や泥をそのまま元に戻したとすれば、ヒマラヤ山脈がもう一つあったことになります。そのくらい大量の砂や泥が運ばれたのです。砂や泥だけでなく、もの凄い量の有機物も同時に海へ運ばれて溜まったことになります。これらの有機物は分解して炭酸塩やリン酸塩などになり、生物の栄養塩として使われます。さらに有機物から天然ガスや石油が発生して我々の生活に役に立ちます。インドのユーラシア大陸への衝突のミニチュア版が伊豆島の本州への衝突です。

図 8・1　インドのユーラシア大陸への衝突とヒマラヤ山脈　講談社ブルーバックス『山はどうしてできるのか』より

相模湾の水循環

現在の相模湾は、出口に伊豆大島があり、湾の奥には東京湾があり、やや閉鎖した湾になっています。そのため、外洋から流れ込んだ黒潮（日本海流）や親潮（千島海流）は湾のなかを巡っています。日本の南には赤道近くから温かい黒潮が流れてきます。黒潮は貧栄養の水塊ですが、その厚さは厚いところでは五〇〇メートルほどもあり、流れは中軸で四ノット（秒速二メートル）もあります。黒潮は房総半島の北部あたりで、東へ日本列島を離れます。この流れに乗ってさまざまな生物が移動しています。熱容量の大きい黒潮は同時に莫大な熱も運んでいます。一方、北からは栄養に富んだ親潮が南下してきて、黒潮の下へと潜り込みます。暖流と寒流の混合する混合水塊には、多くのプランクトンが発生します。相模湾にはこの両方の水塊が入り込んでいます。

南北両方から海水が入り込んでくるにもかかわらず、相模湾の海水の塩分は、沿岸だけでなく、湾全体としてもやや低めです。海水の塩分を薄めているのが、相模湾に注いでいる川で、それらは北からしかありません。早川、酒匂川、相模川など神奈川県の河川です。また雨となって海に降り注ぐ淡水も影響します。河川水は海水の塩分を薄めるだけではなく、すでに述べたように、陸の土砂や有機物を湾へと供給しています。

伊豆半島ではその中央を狩野川が北流しますが、駿河湾へ流れ込みます。東側の斜面には小さな川はあっても取るにたりません。相模湾の東側の三浦半島には平作川という小さな河川はありますが、相模湾へはほとんど流れ込んでいません。湾の東部には東西方向の海底谷が多数あって、これらは陸上の活断層につながりますが、大きな川はありません。特に大雨や洪水などの折には、北側の酒匂川や相模川から大量の土砂が湾へ流れ込み、一気に水深一〇〇〇メートル以深の深海へと運ばれます。土砂は同時に、陸上の有機物を湾の中へと運搬します。一九七二年の大雨や二〇〇七年の大雨で酒匂川が氾濫した折に、土石流が流れて相模湾の水深一〇〇〇メートル以上の深さまで到達しています。数年から数十年に一度起こるこのようなイベントが一〇〇万年も繰り返されれば、もの凄い量の土砂が相模湾の中へと運ばれることは容易に想像できるでしょう。実際、相模トラフの底には二〇〇〇メートル以上にも達する堆積物が溜まっていることが、音波探査で分かっています。このようなさまざまな水塊や堆積物の供給も、生物にとっては有利な条件です。ただ土石流は生物を絶滅させる危険をはらんでいます。

相模湾の火山活動や断層運動

今までにも何度もお話ししてきたように、相模湾周辺には活火山がたくさんあります。北には箱根、北西には富士山や愛鷹山（あしたかやま）、西には天城山や大室山、南には伊豆大島や神津島、新島など枚挙にいとまがありません。相模湾の西部には多くの海底火山、海丘が並んでいます。これらは相模湾ができた後も活動を続けています。一番最近のものでは、一九八六年の伊豆大島や一九八九年の伊東沖の手石海丘の噴火があります。火山の噴火によって溶岩や火山灰、そして火山ガスなどの物質が湾のなかに放出されます。海底の温度は、そのたびに高くなります。海水は熱伝導が悪いために直接マグマとかに触れなければそれほど熱くはないのですが、こんなことが何度も続けば、やがて海水の温度も少しは高くなるものと思われます。温度もそうですが、火山の噴火では水蒸気や二酸化炭素、二酸化硫黄、窒素などのガスが出てきます。

また、噴火によって溶岩や火山灰も放出されます。伊豆大島では溶岩は主に西側に、火山灰は風の影響で主に東側に積もっています。三宅島の噴火では、南風の日は八王子でも硫黄の臭いがしていました。陸上の場合は、これらのガスや火山灰は風の向きによってたなびきますが、海洋の場合には表層の海流や底層流によって拡散します。これらのガスから供給される窒素や硫黄や水素などが、生物にとっては栄養になります。また火山そのものは景観としては優れたものになります。富士山や天城の連山です。

断層運動と海面変動

相模湾の海底やその周辺の陸上には多数の断層が走っていることが分かっています。断層は地下深くにまで及んでいるために、地下からはさまざまな物質が断層を通って海底面に運ばれます。たとえば、堆積物中に二酸化炭素や硫黄の化合物である硫化水素があっても、地表である海底にまでつながる通路がなければ地表へは出てこられません。断層はこういったガスや流体の通路になります。大きな地震が起こって地下と地表を結ぶパイプがつながると、一気にガスが出てきます。地震の折の噴砂や液状化などによって、地下から水などが噴き出してくるのと同じことです。化学合成生物群集は断層の上に立地します。初島生物群集は西相模湾断裂（断層）の上に線状に分布し、沖ノ山生物群集は沖ノ山堆列の麓からの逆断層に沿って分布しています。化学合成生物群集にとっては、断層の存在は必要条件なのです。そしてプレートが動く限りは地震が起こり、断層が動きます。

海岸線の変化と地殻変動や気候変動

海岸線の形は地質時代と共に変化することはご存知だと思います。それには大きく二つの要因があります。地震が起こると地面が隆起したり沈降したりします。海岸にある地面が隆起すると、海岸線は海側へと前進します。つまり陸地が増えるのです。逆に沈降すると海が増え、海岸線は陸側へと後退します。つまり陸は減るのです。

気候が寒冷になると高緯度地域に氷床が多くなり、結果として蒸発した水蒸気は氷として陸にとどまります。その結果、海面は下降し、海岸線は海側へと進み、陸が増えます。逆に温かくなると氷が解けて海水が増えそのために海面は上昇し、海岸線は陸側へと後退し、陸が減ります。このように海岸線の形は時間と共に海面変動や地殻変動によって変動します。海岸線の変動によって大陸棚のような浅瀬はその分布面積が変化します。

このようにさまざまな条件がそろっているからこそ相模湾には膨大な種類の生物が棲息しているのだと思われます。相模湾の珍しい生物に最初に気が付いたのは、ヒルゲンドルフやモースといった外国人教師でした。彼らは、このような条件を知っていたのでしょうか。

駿河湾と富山湾

日本の湾で相模湾のほかに水深の大きな湾は駿河湾と富山湾であることは、すでにお話していています。前者はサクラエビ、タカアシガニ、深海ザメなど、後者は蜃気楼と寒ブリ、埋没林などで有名です。相模湾で見てきたような生物の多様性を持つような条件がそろっているのでしょうか。

駿河湾と言えば富士山です。「田子の浦ゆ　うち出でて見れば　真白にぞ　ふじの高嶺に雪は降りける」という万葉集にある山部赤人の和歌のように、駿河湾から見た富士山だけでも十分に八景になります。相模湾の海溝三重会合点と富士山との比高を見ましたが、駿河湾の最深点、二五〇〇メートルと富士山との比高六二七六メートルは直線にして一〇〇キロメートルも離れていないので、相模湾と同様に巨大な山になります。駿河湾と富士山の距離の方が富士山と相模湾の最深点の距離よりは短いので、駿河湾が一番急峻な富士山を拝めることでしょう。

駿河湾の真中にはユーラシアプレートとフィリピン海プレートの境界があり、湾の中には石花海堆（せのうみたい）という浅瀬や、付加体によってできた複雑な地形があります。このような地形や地質は、西側にある南海トラフと四国山地などと同じです。シロウリガイなどの冷湧水生物群集も南海トラフではたくさん知られています。

糸魚川―静岡構造線は、南では竜爪（りゅうそう）山地東縁や十枚山構造線につながる断層と、プレート境界を作る富士川構造線に分かれますが、その西側は南海トラフで起こっていることと全く同じです。四国沖の南海トラフでは、フィリピン海プレートが南海トラフに沈み込んでいて、陸上の四国山地まで大規模な時代の異なる付加体を作っています。駿河湾の中央にプレート境界である駿河トラフがあり、西側は付加体で、東側は沈み込むプレートそのもので伊豆島が本州にぶつかっています。水深はトラフの先端では二五〇〇メートルにもなり、日本では一番深い湾になります。その延長は南海トラフで水深は四八〇〇メートルです。南海トラフの底には厚い堆積物が溜まっています。陸上からは富士川や天竜川が大量の土砂を湾へ運びこんでいます。水深が大きいことや暖流、淡水が運ばれていることや断層が存在することなどは相模湾と同じですが、ここには火山がありません。

富山湾にはかつて日本海ができたときの大きな亀裂、一種のプレート境界のようなものが残っています。また、湾の中には小さな海底谷の支谷がたくさん知られ、それらが集まってできた富山深海長谷の延長は、水深三三〇〇メートルの日本海の底まで蛇行して繋がります。富山湾には大陸棚の発達はなくていきなり深海になります。富山湾の背後には標高三〇〇〇メートルの立山連峰があって、富山深海長谷の底から見上げるとその落差は六〇〇〇メートルを越えます。ここでも大きな落差が短い距離の間に見られます。湾の中には水が循環していて侵食がはげしく、義経と弁慶の勧進帳で有名な安宅関は、現在は海の中にあります。陸上の河川は日本で最も急流である成願寺川や黒部川に代表される河川が湾に注いでいます。そのため立山など三〇〇〇メートル級の山から土砂が運ばれます。大量の土砂はやがて有機物を熟成させてメタンハイドレートを作ります。日本海の沿岸の海底には大量のメタンハイドレートが見つかっています。そういう点ではシロウリガイなどの化学合成生物群集が見つかってもよさそうなのですが。砺波平野は黒部川が作る扇状地です。その先端は海水準低下期には現在の水深四〇メートルもの海底にあって、現在でも大量の淡水が海の中へ流出しています。富山湾には日本海の寒流が入り込んでいますが、暖流である対馬海流は、能登半島にさえぎられてやや入りにくくなっています。そのために富山湾の水温は低いのです。これは相模湾や駿河湾のように黒潮が卓越する湾とは異なります。

富山湾や駿河湾、どちらの湾にも相模湾と違って火山活動の産物がありません。富山湾は相模湾同様にやや閉じた湾ですが、駿河湾は南へ大きく開いているために外洋の深海がそのまま入り込んでいます。そのためか深海ザメが悠々と入り込んでいるように見えます。富山湾に関しては湧昇流が浅瀬まで入り込んでいるために、富山湾の名物であるホタルイカが大量に棲息しています。ホタルイカは、昼間は水深五五〇メートルの深海にいますが、夜になると海底谷に沿って浅瀬まで上がってきます。富山湾が駿河、相模湾と決定的に違うのはその水温の低さです。日本海には固有水というのがあって、沿海州の水が冷たく重いために底に溜まって動くことができずに、日本海全体を冷やしています。「しんかい２０００」で日本海に潜ると、一〇〇〇メートルも潜れば水温は〇・一℃ときわめて低いことが分かります。このことが生態系に決定的な影響を与えているものとも思われます。また有名な蜃気楼もこの低温の水に関係があるようです。オオグチボヤというかわいらしいホヤは相模湾と富山湾には棲息していますが駿河湾からは報告されていません。シロウリガイなど化学合成生物群集は富山湾からはまだ報告されていません。これらのことはまだよく分かっていませんが、また別の機会に考えてみたいと思います。

終　章

相模湾の災害とこれから起こること

クモヒトデ　JAMSTEC 提供

相模湾で起こったさまざまな自然災害

二〇一五年六月三〇日には生命の星・地球博物館で「湘南地球科学の会」が開催されていました。その日は温泉地学研究所の研究員の箱根が噴火しそうであるという話の最中に、箱根の大涌谷が水蒸気を噴出し始めました。七月一三日には日本地質学会の関東支部の巡検で、大涌谷を遠巻きに見たところ、白い煙がもくもくと勢いよく噴き出していて、海底の熱水系のホワイトスモーカーを遠くから眺めているような感じでした。これは三〇〇〇年の沈黙を破って、これから大きな噴火につながるのでしょうか。幸いこの原稿を書いている頃には活動は収まってきました。二〇一四年、伊豆・小笠原弧の南にある西之島が噴火を始めて、現在も噴火は続いています。この島は一体どこまで大きくなるのでしょうか。しかし、やがてこれも収まりました。

伊豆大島が一万年前くらいから成長を始めたころ、この地域に住んでいた縄文時代の人たちは私たちと同じような疑問と驚愕を持ったことでしょう。わずか数年ほどの間に大きな火山島ができて、相模湾の入り口が塞がれてしまったのです。相模湾の景観が大きく様変わりした時でした。

これまでに相模湾の景観に関連して火山活動や地震活動による斜面崩壊などの災害に関係することも少し見てきました。この本の終わりに相模湾で起こったさまざまな自然災害について見ていきたいと思います。それは火山災害、地震や津波の災害そして水害です。そして最後に、これから相模湾がどうなっていくのかについても少し考えてみたいと思います。

海底火山活動

今までに伊豆半島や箱根、富士山を含めた所とその近くでは、多くの火山活動が起こってきました。静岡大学の小山真人さんはこの周辺の火山活動の歴史をまとめました。それによると陸上では一〇〇万年前からきわめて高い年代の精度で頻繁に火山活動が起こってきたことが分かります。よくこれだけたくさんのマグマが地下から出てきたものだと思われます。しかし、海底の火山活動に関しては記録もなく、また年代測定も乏しいために全体をまとめることはできません。相模湾のはるか南にある西之島では昨年から膨大な量のマグマが出てきてついに島ができ、現在ではもとの西之島の一二倍もの大きさになり、高さも一五〇メートルほどになりました（二〇一五年八月現在）。伊豆半島の東部にある大室山には皆さんは行かれたことがあると思いますが、このような山がわずか一年ほどで形成されたことになります。

大室山は標高五八〇メートルありますが、頂上の噴火口には観光アーチェリー場があります。斜面はきつく歩いて登ると大変です。この山も短い間にたった一回の噴火でできたのです。

伊豆半島のすぐ東沖の相模湾の中を見ると、この大室山程度の大きさの海丘がたくさんあります。それよりやや大きな海山もあります。これらの山は当然ですが、火山活動の産物なのです。つまり今、西之島で起こっているような火山活動が、過去に何度も起こったことを物語っています。海丘群は水深五〇〇メートル以上の深さのところで活動をやめているので、それほど大量のマグマは出ていないでしょう。人の住んでいる初島は実は活火山なのです。その溶岩の年代は三〇万年前と出ていて、箱根などと同じころに活動をしていたことになります。初島の人たちは、活火山の九合目から頂上に近いところに住んでいることになります。この島の溶岩を海底に延長して調べたところ、水深八五〇メートルあたりまで同じような玄武岩の溶岩でできていることが分かりました。この深さまでが火山体だとすれば、初島は伊豆大島に匹敵するほどの大きな火山だということになるのです。

今後、相模湾の西部では陸上も海底も含めて単成火山という、一回マグマを出してしまえば終わりというような火山が、次々とできていくことが予想されます。そして火山フロントである初島は、沈黙を破って箱根のような噴火をする可能性もあります。

伊豆大島、三宅島、手石海丘、西之島、そして箱根はすべて伊豆・小笠原弧の火山フロントやその近くでの活動ですが、最近になって伊豆・小笠原弧が活発な活動を起こし始めたようです。二〇一五年五月三〇日に起こった小笠原地震は、その震源が六八二キロメートルととても深い地震ですが、太平洋プレートの沈み込みと火山活動という点では何か関係があるように思われます。

地震活動

二〇一一年三月一一日の大地震以来、世界のあちこちで大きな地震が起こっています。地球の表層をとりまくプレートの再編成が始まったという考えもあって、プレート境界に住んでいる人たちは戦々恐々です。本書で関係のある地域は、富士山の地下、箱根の地下、神縄（かんなわ）断層、伊豆・小笠原弧の地下深部などですが、これだけでは収まらないでしょう。小田原地震を研究した神戸大学の石橋克彦さんはこの地震がこれまでに七三年プラスマイナス一年というきわめて正確な年代を周期にしていることから、近い将来地震が起こると予想しましたが、幸いにも地震は起こりませんでした。そうはいっても地震が起こることは確実です。地震と火山はプレートが動く限りは必ず起こります。小田原地震では小田原城の石垣が崩れ、崩れればまた作ります。そのために小田原城の石垣は地震の記録を残しているとも言えます。

相模湾は水を取り去るとその底にはたくさんの断層があることが分かりました。これらの断層は言わば地震の記録（あるいは化石）そのものです。これからも地震が起こることは避けられません。とりわけ相模トラフはフィリピン海プレートと北米プレートの境界に相当します。そのためにどこかに歪みがたまれば、それを解消するために地震が起こることは必至なのです。

地震が起これば多くの場合には斜面の崩壊が起こります。そのために斜面の下で生活している生物はひとたまりもありません。東京海底谷の出口で見つかった土石流の堆積物は大変新しいし、相模海丘に見られた地滑りの跡も生々しいものでした。これらのことは今後もしばしば起こることになるでしょう。生物にとっては迷惑な話です。

地震と火山活動の集中する平安時代と江戸時代

陸上の火山を見た時に平安時代にはこのあたりは火山活動でさぞにぎやかであっただろうということが分かります。まず、西暦八三八年に神津島が噴火します。貞観の頃の八六四年から八六六年にかけては富士山が噴火し、大量の溶岩が北側の山梨県へと流れて、「剗の海」が分かれてしまいました。この溶岩が流れた跡は青木ヶ原によく残っています。最近、空からこの青木ヶ原の樹海を突き抜けてレーザー・ビームで地形を調査した結果、たくさんの小さな側火山が見つかっています。予想以上にたくさんのマグマが小出しに出てきたということです。また、竜ヶ岳という山の麓から山を登り出すと、粘性の低い溶岩の流れた跡が見られます。東北日本では八六九年に「貞観の地震」が起こります。それから二〇年ほどしかたたない八八六年には伊豆の新島が噴火します。これは富士山とは違って流紋岩質な白い火山灰や火砕流を発生させました。その翌年の八八七年（仁和（にんな））には地震が起こっていて、わずか五〇年ほどの間に噴火と地震が起こり、この世の末と思われたことでしょう。末法思想が流行したのもうなずけます。平安時代とはよく言ったもので、地球科学的にはとても平安な時代ではなかったようです。

江戸時代にも地震と火山の活動が起こっています。一七〇三年には「元禄の江戸地震」が起こり、その四年後の一七〇七年には「宝永地震」が起こりました。この地震は二〇一一年の地震が起こるまでは、日本で一番大きな地震と言われていました。そして、その四九日後には富士山の「宝永の噴火」が起こっています。このことはすでに述べました。

日本全体を眺めてみると、毎年どこかで地震や火山の噴火が起こっています。しかし、ある地域を見てみると、そこには何か規則性というか特徴があるようにも思われます。たとえば伊豆・小笠原弧を見ると、およそ九〇〇年の間隔で地震活動や火山活動が集中しているようにも見えます。歴史の記録が残っていない時代に関しては、時間の精度がきわめて粗くなってしまうのでこのような年単位の精度はありません。もう少し粗い年代の精度、例えば一〇〇〇年から一万年というような尺度でみれば、いつでもどこでも起こっているようにも見えます。

津　波

津波は海洋で巨大地震が起これば必ず発生します。地面がずれた分だけその上にある水が全体として持ち上がったり、逆に下がったりするため水深が深いほど大きな津波になります。

相模湾で津波が起こると、陸はすぐ近くにあるので地震と共にすぐに津波が押し寄せて来ると思ったほうがいいでしょう。いろいろな予測では藤沢や平塚は壊滅的な被害を受けます。津波が陸のどこまで到達するかは、温暖化が起こった縄文時代の海岸線がどこまで来ていたかを知るといいでしょう。それには貝塚の分布や貝の化石などが手掛かりになります。縄文時代の海進は日本列島周辺では高さ六メートル位が最高です。これは房総半島の南端の館山にあるサンゴ礁が、このことを示しています。

相模湾の中で地震が起こった場合にはそうですが、相模湾の外で地震が起こった場合には必ずしもそうはならないでしょう。伊豆大島が大きな防波堤のような役割をするからです。ましてや東京湾では水深が浅いために大きな津波は起こらないし、外洋から津波が入ってきても一旦相模湾で減衰させられます。ただ東京湾の沿岸は海抜が低いために小さな津波でも大きな被害が生じます。津波でなくても高潮でも大きな被害が生じます。日本の大きな平野、関東平野、濃尾平野などでは大きな課題です。

台風

最近台風の規模が大きくなり、かつ日本の本土へ上陸する回数が増えていると言います。台風は世界で一年間に八〇個ほど発生しますが、そのうちの三〇個ほどが日本付近で発生します。私が子供の頃は、台風は赤道付近の熱帯で発生し、本土へ来るまでには三、四日かかったものです。ところが最近の台風は、北緯二〇度付近でも発生するので、意外に早く本土に影響を及ぼします。台風が接近すると大雨が降ります。雨台風では特に雨量が多く、一時間に五〇～一〇〇ミリメートルなどという猛烈な豪雨に見舞われます。川は氾濫し、山から運ばれた泥は下水や町にあふれて、一面が泥田と化してしまいます。

そして、このような土砂や泥は、最後は海へと運ばれます。豪雨が起こると海底の堆積物は一挙に増えます。河川が勢いよくもたらす砂や泥、場合によっては、礫は混ざって土石流を発生させます。土石流は周辺の地層を削剥して水の中へと取り込み、さらに下流の地層を侵食する力になります。こうしてやがてえぐられた斜面が崩壊して、大きな被害を生じます。これは水害と同じです。

水　害

水害は大雨に起因します。短時間に大量の雨が降ると河川が氾濫して大量の水が都市にも満ち溢れてしまいます。小田原を流れている酒匂川は荒れ川として有名です。

小田原沖で見られた大雨のあとの土石流の跡は、一九七二年に起こった酒匂川の氾濫の結果です。この時は水深一〇〇〇メートル以上の相模トラフの中にまで土砂が運ばれて、二宮からグアムへつながる海底ケーブルが切れたことはすでに述べました。

二〇〇八年に無人探査機による相模湾の航海が持たれて、オトヒメノハナガサを見るために小田原沖の水深六七〇メートルの海底に行きました。そこで見られたものはごろごろした砂礫や緑の葉っぱを付けた枝などでした。残念ながらオトヒメノハナガサは発見できませんでした。これらのごろごろした礫について、航海の後に酒匂川の河口へ行って見てみました。そこには生々しい洪水の跡が見られました。海底にあったのと同じような礫や、木々の枝などが見られました。これは二〇〇七年の洪水の跡が海底の水深六七〇メートルあたりまで影響していたことを物語っています。

大雨と洪水という自然災害は今後も必ず起こります。箱根地域に集中豪雨が起これば河川が氾濫して周辺の土砂や植物が相模湾へと運ばれて海底に溜まります。このようなことは避けることができません。酒匂川だけでなく相模川や早川でも同様のことが起こったに違いありません。

温暖化や寒冷化

温暖化や寒冷化で海岸線の形が変わることも見てきました。温暖化や寒冷化で相模湾に大きな被害が起こることはありません。しかし、氷床が発達する地域では氷が解けて一種の洪水が起こり、そのために大きな被害が出ることがあります。氷期の終わりに起こったアガシー湖の決壊です。寒冷化で海面が下がった時期には陸になった部分は侵食されますが、逆に温暖化で海面が上がった時にはそこには堆積物が溜まります。生物にとっては棲みかが増えるわけです。

温暖化や寒冷化は今後も周期はいろいろですが必ず起こります。そして堆積物が相模湾に流れ込むためにやがて相模湾は埋め立てられてしまうでしょうか。相模湾の水深が平均で一〇〇〇メートルあったとして、年間一センチメートルずつ埋め立てられたとすると、それは一〇万年後のことになります。しかし、堆積物がさらに深い海へと運ばれるためには、もっと長い年月が必要です。しかし、もっと別のことが起こって相模湾は無くなってしまうかもしれません。

海洋生物と災害

相模湾という閉じた湾に大量の生物が棲息することを知りましたが、これらの生物の安全な生活を脅かすさまざまな災害も見てきました。生物はこのような災害にはどのように対処しているのでしょうか。適切な対応ができていないと絶滅という危機に直面します。相模湾の初島沖にある深海底総合観測ステーションでは、陸上で地震が起こった時に斜面崩壊と土石流が発生したことが観察されましたが、生物は砂に埋まったりしながらもそれを乗り越えていきました。そして水温の変化で放精・放卵を起こして子孫を増やしてきました。天敵が来ても数を増やすことで何とか現在まで絶滅せずに生きてきました。しかし、やがて現在の相模湾から棲家を変えねばならない時が来るでしょう。

新しい相模湾

相模湾はこれから一体どうなっていくのでしょうか。やがて相模湾はなくなってしまって、新しい相模湾ができていくのでしょうか。災害の最後は相模湾がなくなる話です。現在の相模湾の一番南には伊豆大島があります。これはやがてさらに北上して相模湾の中に入り込みます。伊豆大島には基盤として水深一〇〇〇メートル位のところまで大陸地殻（この場合は島弧の地殻）があって、軽いために伊豆半島と同様に陸にくっ付いてしまいます。相模トラフではもはや沈み込めなくなって、海溝であるトラフはその南へとジャンプします。現在の伊豆大島の南には御蔵（みくら）海盆という相模湾程度の大きな海盆があって、これが新しい相模湾になっていきます。御蔵島の南にある八丈島を含む地域が次の伊豆半島になるでしょう。つまり、諏訪湖より南にあった部分は衝突と付加を重ねて次第に陸地が広がって、相模湾を通り越してその南へと続いていくのです。逆に言うと、相模湾より前にも同じような湾があったということになります。

次々に衝突して領土を増やす伊豆弧は次々とその南に新たな相模湾を作っていくのです。それがこの本を通じての私の考えているストーリーなのです。

あとがき

相模湾、海の中の八景のお話はいかがだったでしょうか。ここに書かれていることは相模湾で今までに知られていること、分かっていることのすべてではなくてその概略にすぎません。相模湾にはまだまだ知られていないことや分からないことがたくさんあります。たとえばオトヒメノハナガサという生き物は一九八五年に世界で初めて潜水調査船で目視され写真や映像に収められているのですが、それはもはや発見することができませんでした。寿命がつきたのでしょうか、その場所へいきつけなかったのでしょうか、それとも海底に何かアクシデントがあったのでしょうか。今ではそれは謎のままです。今後も研究がすすめば新しいことが出てくる可能性はあります。

また地震や、大雨によってもたらされた土石流が覆い隠した地形は、その前はどのようであったのでしょうか。そのようなことは事件の前後で同じ場所に潜ることができれば解決できることです。そしてそれは災害の予測、あるいは軽減につながることになります。

しかしながら、現在の相模湾の底には海底ケーブルが敷きつめられ、沿岸には漁網が張り巡らされているために、実際にはアクセスできる場所が限られているのです。そのような網をくぐって研究することができればまだまだ新しいことがたくさん出てくることと思います。相模湾を簡単な潜水船でたくさんの人がアクセスできるようになればどれほど楽しいことでしょう。実際に深海底を目で見ることができれば多くの知識を得ることができるでしょう。そのようなことをデスクで行ったのがこの本なのですが、最初の目的にかなったでしょうか。それは読者のみなさんの判断にお任せします。

この本を作るにあたって、千葉県立中央博物館の高橋直樹さんには原稿を読んで地球科学的な内容に関して多くの指摘をいただきました。JAMSTECの萱場（監物）うい子さんからは生物関係の内容について貴重なご意見をいただきました。同じくJAMSTECの木戸ゆかりさんと冨士原敏也さんには新しい図面を提供していただきました。これらの方々にお礼申し上げます。

平成二十八年正月

異常気象のため暖冬の八王子の書斎で涼しい深海底に思いを馳せながら

藤岡　換太郎

藤岡換太郎編著『海の科学がわかる本』成山堂書店 2010
藤岡換太郎・平田大二編著『日本海の拡大と伊豆弧の衝突―神奈川の大地の生い立ち』有隣新書 2014
藤崎慎吾・田代省三・藤岡換太郎『深海のパイロット―六五〇〇mの海底に何を見たか』光文社新書 2003
蒲生俊敬『海洋の科学―深海底から探る』NHK ブックス 1996
堀越増興・永田豊・佐藤任弘・半田暢彦『日本の自然7　日本列島をめぐる海』岩波書店 1987
堀田宏『深海底からみた地球―「しんかい 6500」がさぐる世界』有隣堂 1997
池田清彦『38 億年生物進化の旅』新潮社 2010
今井功・片田正人『地球科学の歩み』共立出版 1978
磯野直秀『モースその日その日―ある御雇教師と近代日本』有隣堂 1987
伊藤和明『火山―噴火と災害』保育社カラーブックス 1981
海溝II研究グループ編『写真集　日本周辺の海溝―6000m の深海底への旅』東京大学出版会 1987
貝塚爽平・鎮西清高編『日本の自然2　日本の山』岩波書店 1986
貝塚爽平『発達史地形学』東京大学出版会 1998
掛川武・海保邦夫『地球と生命―地球環境と生物圏進化』共立出版 2011
笠原慶一・杉村新編『岩波講座　地球科学 10 変動する地球 I』岩波書店 1978
川上紳一・東條文治『図解入門　最新地球史がよくわかる本―「生命の星」誕生から未来まで』秀和システム 2006
川幡穂高『地球表層環境の進化―先カンブリア時代から近未来まで』東京大学出版会 2011
勘米良亀齢・橋本光男・松田時彦編『岩波講座 地球科学 15 日本の地質』岩波書店 1980
ダニエル・ケールマン、瀬川裕司訳『世界の測量―ガウスとフンボルトの物語』三修社 2008
日下実男『大深海 10,000 メートルへ』偕成社 1970
町田洋・小島圭二・高橋裕・福田正己編『日本の自然8　自然の猛威』岩波書店 1986
丸山茂徳・磯崎行雄『生命と地球の歴史』岩波新書 1998

【参考図書】

レイチェル・カースン、日下実男訳『われらをめぐる海』早川文庫 1977
クストー、日下実男訳『世界の海底に挑む』朝日新聞社 1966
チャールズ・ダーウィン、島地威雄訳『ビーグル号航海記上・中・下』岩波文庫 1959
シンディ・ヴァン・ドーヴァー、西田美緒子訳『深海の庭園』草思社 1997
シルヴィア・A.アール、西田美緒子訳『シルヴィアの海—海中6000時間の証言』三田出版会 1997
リチャード・フォーティ、渡辺政隆訳『生命40億年全史』草思社 2003
リチャード・フォーティ、渡辺政隆・野中香方子訳『地球46億年全史』草思社 2009
藤岡換太郎『深海底の科学—日本列島を潜ってみれば』NHKブックス 1997
藤岡換太郎『山はどうしてできるのか—ダイナミックな地球科学入門』講談社ブルーバックス 2012
藤岡換太郎 「新日本八景 第0景」『Blue Earth』(2007 9-10月号)
藤岡換太郎 「新日本八景 第1景」『Blue Earth』(2007 11-12月号)
藤岡換太郎 「新日本八景 第2景」『Blue Earth』(2008 1-2月号)
藤岡換太郎 「新日本八景 第3景」『Blue Earth』(2008 3-4月号)
藤岡換太郎 「新日本八景 第4景」『Blue Earth』(2008 5-6月号)
藤岡換太郎 「新日本八景 第5景」『Blue Earth』(2008 7-8月号)
藤岡換太郎 「新日本八景 第6景」『Blue Earth』(2008 9-10月号)
藤岡換太郎 「新日本八景 第7景」『Blue Earth』(2008 11-12月号)
藤岡換太郎 「新日本八景 第8景」『Blue Earth』(2009 1-2月号)
藤岡換太郎 「新日本八景 番外編」『Blue Earth』(2009 3-4月号)
藤岡換太郎『海はどうしてできたのか—壮大なスケールの地球進化史』講談社ブルーバックス 2013
藤岡換太郎『海がわかる57のはなし』誠文堂新光社 2014
藤岡換太郎「駿河湾の生い立ち」—『THE DEEP SEA—日本一深い駿河湾』静岡新聞社 2015

富山和子『海は生きている』講談社 2009
辻村太郎『地形の話』古今書院 1949
宇田道隆『海』岩波新書 1969
宇田道隆『海洋科学基礎講座　補巻 海洋研究発達史』東海大学出版会 1978
海のはなし編集グループ編『海のはなし I-V』技報堂出版 1984
宇佐美龍夫『新編　日本被害地震総覧』東京大学出版会 1987
ジュール・ヴェルヌ、朝比奈美知子訳『海底二万里　上・下』岩波文庫 2007
エルゼ・ウェゲナー（編)、竹内均訳『ウェゲナーの生涯─北極探検に賭けた地球科学者』東京図書 1976
上田誠也『新しい地球観』岩波新書 1971
上田誠也・小林和男・佐藤任弘・斉藤常正編『岩波講座　地球科学 11　変動する地球 II　海洋底』岩波書店 1979
上田誠也・杉村新『弧状列島』岩波書店 1970
上田誠也・杉村新編『世界の変動帯』岩波書店 1973
山下文男『哀史三陸大津波』青磁社 1982
吉村昭『漂流』新潮文庫 1980
吉村昭『海の壁─三陸沿岸大津波』中公新書 1970

地図
海上保安庁水路部編 海底地形図　第 6602 号 日本東海・紀伊沖 1/500,000 海上保安庁 1993
海上保安庁水路部編 海底地形図　第 6313 号 中部日本 1/1,000,000 海上保安庁 1982
海上保安庁水路部編 海底地形図　第 6314 号 西南日本 1/1,000,000 海上保安庁 1983
海上保安庁水路部編 海底地形図　第 6315 号 南西諸島 1/1,000,000 海上保安庁 1993
帝国書院編集部編『新詳 高等地図』帝国書院 2011

道田豊・小田巻実・八島邦夫・加藤茂『海のなんでも小事典—潮の満ち引きから海底地形まで』講談社ブルーバックス 2008
E.S.モース、石川欣一訳『日本その日その日 1～3』平凡社東洋文庫 1970、1971
タイムライフブックス編集部編、村内必典訳『山』パシフィカ 1977
三松正夫『昭和新山—その誕生と観察の記録』講談社 1970
村山磐『日本の火山災害』講談社ブルーバックス 1977
中村一明・松田時彦・守屋以智雄『日本の自然1　火山と地震の国』岩波書店 1987
長沼毅『深海生物学への招待』NHKブックス 1996
日本海洋学会編『海と地球環境—海洋学の最前線』東京大学出版会 1991
日本海洋学会編『海と環境—海が変わると地球が変わる』講談社 2001
日本水路協会編『海のアトラス　増補版』丸善 1992
西村三郎『チャレンジャー号探検』中公新書 1992
野崎義行『地球温暖化と海』東京大学出版会 1994
J.ピカール、R.S.ディーツ、佐々木忠義訳『一万一千メートルの深海を行く—バチスカーフの記録』角川新書 1962
阪口豊編『日本の自然』岩波書店 1980
阪口豊・高橋裕・大森博雄『日本の自然3　日本の川』岩波書店 1986
佐々木忠義編『海と人間—ジュニアのための海洋学』岩波ジュニア新書 1981
志賀重昂、近藤信行校訂『日本風景論』岩波文庫 1995
フランク・シェッツィング、鹿沼博史訳『知られざる宇宙—海の中のタイムトラベル』大月書店 2007
関文威・小池勲夫編『海に何が起こっているか』岩波ジュニア新書 1991
諏訪兼位『アフリカ大陸から地球がわかる』岩波ジュニア新書 2003
平朝彦『日本列島の誕生』岩波新書 1990
平朝彦・中村一明編『日本列島の形成—変動帯としての歴史と現在』岩波書店 1986
高橋正樹『花崗岩が語る地球の進化』岩波書店 1999
竹内均・上田誠也『地球の科学—大陸は移動する』NHKブックス 1964
竹内均『続　地球の科学』ＮＨＫブックス 1970
寺田一彦『海の文化史』文一総合出版 1979
東京大学海洋研究所編『海洋のしくみ』日本実業出版社 1997

相模湾　深海の八景――知られざる世界を探る
平成二十八年六月十日　第一刷発行
著者　藤岡換太郎

発行者――松信　裕
発行所――株式会社　有隣堂
本　社　横浜市中区伊勢佐木町一―四―一　郵便番号二三一―八六二三
出版部　横浜市戸塚区品濃町八八一―一六　郵便番号二四四―八五八五
電話〇四五―八二五―五五六三
印刷――図書印刷株式会社

ISBN978-4-89660-222-7 C0244

デザイン原案＝村上善男

有隣新書刊行のことば

国土がせまく人口の多いわが国においては、近来、交通、情報伝達手段がめざましく発達したためもあって、地方の人々の中央志向の傾向がますます強まっている。その結果、特色ある地方文化は、急速に浸蝕され、文化の均質化がいちじるしく進みつつある。その及ぶところ、生活意識、生活様式のみにとどまらず、政治、経済、社会、文化などのすべての分野で中央集権化が進み、生活の基盤であるはずの地域社会における連帯感が日に日に薄れ、孤独感が深まって行く。われわれは、このような状況のもとでこそ、社会の基礎的単位であるコミュニティの果たすべき役割を再認識するとともに、豊かで多様性に富む地方文化の維持発展に努めたいと思う。

古来の相模、武蔵の地を占める神奈川県は、中世にあっては、鎌倉が幕府政治の中心地となり、近代においては、横浜が開港場として西洋文化の窓口となるなど、日本史の流れの中でかずかずのスポットライトを浴びた。

有隣新書は、これらの個々の歴史的事象や、人間と自然とのかかわり合い、ときには、現代の地域社会が直面しつつある諸問題をとりあげながらも、広く全国的視野、普遍的観点から、時流におもねることなく地道に考え直し、人知の新しい地平線を望もうとする読者に日々の糧を贈ることを目的として企画された。

古人も言った、「徳は孤ならず必ず隣有り」と。有隣堂の社名は、この聖賢の言葉に由来する。われわれは、著者と読者の間に新しい知的チャンネルの生まれることを信じて、この辞句を冠した新書を刊行する。

一九七六年七月十日

有　隣　堂